── 유전자부터 게임 중독까지 ──

생명 과학 뉴스를
말씀드립니다

— 유전자부터 게임 중독까지 —

생명 과학 뉴스를 말씀드립니다

이고은 지음 · 이준규 감수

신종 바이러스, 백신 개발

세계 보건 기구, 성명 발표

염기 서열 분석

'햄버거병'

창비
Changbi Publishers

학교에서 생명 과학을 가르치다 보면 학생들의 눈빛이 유독 빛날 때가 있습니다. '배설' 단원을 가르치다 옆길로 새서 치질의 종류와 증상 이야기를 할 때, '유전' 단원에서 대머리가 모계 유전인지 아닌지 아이들에게 질문할 때 등이 바로 그런 순간이지요. 국내 인구의 약 70퍼센트가 치질을 경험하고, 약 20퍼센트가 탈모로 고민할 정도로 이 두 질환이 흔하다 보니 학생들도 이와 관련된 주제에 호기심을 보입니다. 올해 2020년에는 그 어렵다던 '면역' 단원에서 항체와 백신이 등장할 때 학생들의 관심이 높았습니다. 코로나19가 크게 유행하면서 항체와 백신이라는 단어가 우리 생활 속으로 밀접하게 다가온 까닭이지요.

이러한 학생들의 반응을 보면서 수업 시간에 생명 과학의 개념을 최대한 실생활과 연결하기 위해 노력했습니다. 하지만 수능이나 대학 입시를 준비해야 하는 학생들에게 제한된 시간에 교과서를 넘어서는 생명 과학 이야기까지 하는 것은 쉽지 않았습니다. 항상 아쉬움이 남았습니다.

그래서 교실에서 미처 다 하지 못한 이야기들을 풀어 놓기 위해 이 책을 썼습니다. 학생들이 평소에 한 번쯤 들어 보았을 만한 최신 생명 과학 뉴스를 찾아 소개하고 그 속에서 여러 개념을 꺼내어 재미있게 설명했습니다. 본격적으로 이야기를 펼치기 전에 최신 뉴스 기사들을 먼저 소개했는데, 뉴스를 통하면 생명 과학의 최신 흐름도 알릴 수 있고, 과학 지식과 일상이 연결되는 지점도 더 잘 보여 줄 수 있기 때문입니다. 책에 소개된 뉴스들은 지난 10여 년간 실제로 보도된 언론 기사를 참조하여, 책에 필요한 부분을 중심으로 새로 쓴 것입니다.

뉴스를 찾을 때는 가급적 청소년들의 일상생활과 관련이 많은 뉴스를 고르려고 노력했습니다. 여러분이 즐겨 먹는 햄버거나 짜장면, 마라탕 등과 생명 과학은 어떻게 연결되어 있는지 궁금하지 않나요? 내 혈액형은 왜 A형인지, 게임은 정말 중독되는 것인지, 키가 잘 자라려면 왜 잠을 잘 자야 하는지도 모두 생명 과학과 관련이 있습니다.

창비청소년도서상 수상 후 원고를 많은 부분 보충하고 수정했습니다. 좀 더 읽기 쉽게 다듬어 가면서 그사이 코로나19처럼 새롭게 등장한 이슈들을 추가했습니다.

이 책은 각 장이 독립되어 있어서 어느 장부터 읽든 상관이 없습니다. 평소 궁금한 부분이 있었다면, 혹은 재미있어 보이는 제목이 있다면 그 부분부터 읽어도 좋습니다. 아무쪼록 이 책이 생명 과학에 흥미가 생기고 그 유익함을 발견하는 계기가 되기를 간절히 바랍니다.

책이 나오기까지 고마운 분들이 너무나 많습니다. 정직하게 생명 과학 개념을 소개하기 바빴던 응모 원고에서 가능성을 보아 주신 심사 위원분들, 우직한 원고를 세련된 작품으로 탈바꿈시켜 준 김보은 편집자를 비롯한 편집부, 바쁜 시간 쪼개어 감수해 주신 이준규 교수님, 각 장의 원고가 흥미로운지 이해하기 어려운 부분은 없는지 점검해 주며 칭찬과 격려를 아끼지 않은 심민경 선생님, 지칠 때마다 원고에 집중할 수 있도록 격려하고 집안일을 도맡아 준 남편 박호진과 장차 내 아이가 읽을 책을 쓰고 싶다는 목표를 갖게끔 해 준 내 작은 심장 온유, 창작과 도전의 유전자를 물려주신 부모님께 이 책이 작은 기쁨이 되기를 진심으로 바랍니다.

2020년 여름
이고은

차 례

1부

뉴스가 쉬워지는
생명 과학 용어들

슈퍼 박테리아

세균과 인간의 전쟁

01

VOL. I. No.I

바이오NEWS

슈퍼 박테리아 억제 항생제, 극지에서 찾는다

2020년 5월, 해양 수산부와 극지 연구소는 앞으로 5년 동안 125억 원을 투입해 남극과 북극의 생물 자원을 이용한 새로운 항생제 개발에 나선다고 밝혔다. 세계 각국은 슈퍼 박테리아를 제거하기 위해 안간힘을 쓰고 있지만, 슈퍼 박테리아 감염을 막을 수 있는 새로운 항생제를 개발하지 못했다.

극지 연구소 관계자는 "남극과 북극은 혹독한 추위와 함께 1년 중 6개월은 낮만, 나머지 6개월은 밤만 계속되는 특수한 환경을 갖고 있다."라면서 "이곳의 생물은 환경에 적응하기 위한 진화 과정을 거치면서 독특한 생물 자원을 보유하는 것이 특징"이라고 설명했다.

극지방의 생물이 슈퍼 박테리아에 대항할 새로운 항생제 개발의 희망으로 떠오르고 있습니다. 지금까지의 연구에서는 기존의 항생제를 뛰어넘는 효과를 보이는 물질이 발견되지 않았기 때문에 더욱 반가운 기사지요. 도대체 슈퍼 박테리아가 무엇이기에 인간이 남극과 북극까지 항생 물질이라는 보물찾기에 나서게 된 것일까요?

슈퍼 박테리아는 '항생제에 내성을 가진 세균'을 말합니다. 항생제가 듣지 않는 강력한 세균이라는 뜻이지요.

이 세균을 이해하려면 전 세계에서 한 곳도 빠짐없이 일어나고 있는 무시무시한 전쟁에 대해서 먼저 이야기해야 합니다. 지금 이 순간 여러분 역시 참전 중인, 항생제를 무기로 한 인간과 그에 대항하는 세균의 전쟁에 대한 이야기입니다.

최초의 항생제 페니실린

'항생제'는 본래 곰팡이나 토양에 사는 미생물이 만들어 내는 것으로, 세균의 정상적인 성장이나 생존을 방해하는 물질입니다. 곰팡이나 토양 미생물은 한정된 자원을 놓고 세균과 경쟁하는 사이인데, 항생 물질을 써서 세균을 제거하면 생존 경쟁에서 유리하

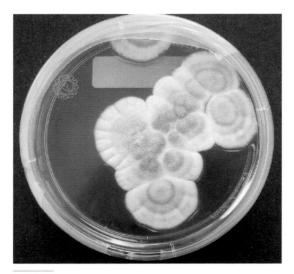

실험실에서 배양되는 푸른곰팡이.

겠지요? 즉, 항생 물질은 이들에게 세균을 견제할 일종의 무기입니다.

사람들은 바로 이 항생 물질을 분리해 항생제로 만들었고, 인간의 몸에 침입한 세균을 직접 제거하는 데에 쓰기 시작했습니다. 그 대표적인 예가 바로 영국의 세균학자 알렉산더 플레밍이 1928년에 발견한 최초의 항생제 '페니실린'입니다. 플레밍이 우연히 포도상 구균을 기르던 접시에서 푸른곰팡이를 발견하고 그 곰팡이가 포도상 구균의 성장을 억제한다는 사실을 알아냈다는 이야기는 많이 들어 보았을 거예요. 이 푸른곰팡이를 이용해서 만든 페니실린은 제2차 세계 대전 당시 수백만 명의 목숨을 구하는 일등공신이 됩니다. 당시에는 전쟁 중 부상을 입으면 상처 부위로 침투한 세균이 증식하여 생긴 염증 때문에 목숨을 잃는 경우가 많았습니다. 마침 등장한 페니실린은 세균의 성장과 생존을 막아 많은 사람을 살렸고, 이렇게 인간은 세균과의 1차전에서 승리하게 되었지요.

초기 항생제는 곰팡이나 토양 미생물이 자연적으로 만들어 낸 것을 이용했으나, 현재는 실험실에서 화학 구조를 약간 변형하여 만들거나 완전히 새롭게 합성한 항생제도 많이 사용하고 있습니다.

그런데 안타깝게도 항생제는 아군과 적군을 구별하지 못합니다. 아군과 적군이 섞여 있는 전쟁터에 폭탄을 터트릴 때 적군만 골라서 죽일 수 없는 것과 마찬가지지요. 항생제는 우리 몸에 해로운 세균만 골라서 없애지 않습니다. 항생제를 먹으면 유산균 같은 우리의 장에 사는 유익균도 함께 죽기 때문에 일시적으로 장의 기능이 떨어져 사람에 따라서는 설사나 변비 등의 부작용도 함께 겪게 되지요. 하지만 너무 걱정하지 마세요. 치료가 끝나 항생제 복용을 중지하면 설사 증상도 나아질 테니까요.

세균의 반격,
슈퍼 박테리아의 탄생

그렇게 1차전이 끝났지만, 당하고만 있을 세균이 아닙니다. 반격이 시작되지요. 온라인 게임을 할 때 새로운 무기나 기술을 얻어 업그레이드되면 같은 적이 여럿 등장해도 단숨에 해치울 수 있게 되지요? 마찬가지로, 우리 몸이 항생제에 자주 노출되면 항생제를 이길 힘, 즉 저항성을 가진 세균들이 늘어납니다. 새로운 무기가 널리 보급되어 업그레이드되는 것이죠. 실제로 1940년대에 들어서자 페니실린에도 죽지 않는 세균이 나타났습니다. 이에 대항하여 인간도 더 강력한 항생제를 만들기 시작했지요.

그런데 세균은 단 1개의 세포로 이루어졌기 때문에 자손을 퍼뜨리는 데 그리 많은 시간이 걸리지 않습니다. 대장균 1마리가 분열하여 2마리가 되기까지 고작 20분이 걸리거든요. 그러므로 세균은 비교적 짧은 시간에 새로운 항생제에 적응하거나, 또다시 돌연변이를 일으켜서 항생제를 견딜 수 있는 후손을 만들어 낼 수 있습니다. 인간은 이들을 제거하기 위해 더욱 강력한 항생제를 사용하고, 세균은 또다시 돌연변이를 만드는 악순환이 반복되다 보면 결국 어떤 항생제를 써도 제거하기 힘든 강한 힘을 가진 세균이 생기는 것입니다.

이러한 힘을 바로 '내성'이라고 합니다. 즉, '항생제 내성이 있

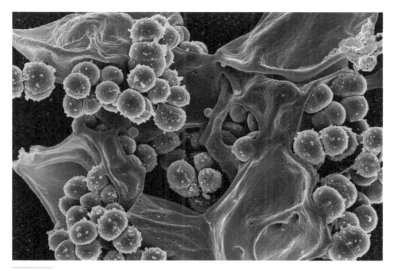

전자 현미경으로 본 MRSA. 항생제 메티실린에 내성을 가진 슈퍼 박테리아이다.

는 세균'이라는 말은 '그 항생제로는 더는 죽일 수 없는 세균'을 뜻합니다. 오해하지 마세요. 흔히들 '항생제를 너무 많이 먹어서 우리 몸에 항생제에 대한 내성이 생겼다.'라고 하는데, 내성은 우리 몸이 아니라 세균이 갖는 것입니다. 즉, 항생제를 너무 많이 쓰면 우리 몸에 효과가 없는 것이 아니라, 우리 몸에 침입한 세균에게 소용이 없다는 뜻이지요.

나아가 모든 항생제가 듣지 않는 강력한 세균을 우리는 슈퍼 박테리아라고 부릅니다. 실제로 1961년 영국에서 메티실린 내성 황색 포도상 구균(MRSA), 1996년 일본에서 반코마이신 내성 황색 포도상 구균(VRSA)이라는 슈퍼 박테리아가 처음 등장했습니다. 특히 VRSA가 내성을 보인 반코마이신 항생제는 당시 개발된 항생제 중 가장 강력한 것으로서, '항생제의 마지막 보루'라고 여겨져 왔기 때문에 그 충격은 실로 엄청났습니다. 세균과 인간의 2차전에서 세균이 승리를 거두는 순간이었지요. 만약 어떤 환자가 더 사용할 항생제가 없는 상황이라면, 큰 수술을 잘 마친 후 회복을 기다리는 상태에서 이 세균 문제 때문에 사망하는 안타까운 일이 발생할 수 있는 것이죠.

다행히 2002년 영국의 과학자들이 항생제 제조에 쓰이는 토양 미생물의 유전자 지도를 완성함으로써 슈퍼 박테리아 문제를 해결할 단서를 마련했습니다. 또한 미국에서는 슈퍼 박테리아가 항생제 저항성을 갖도록 하는 핵심 유전자가 무엇인지 밝혀내는 등 슈퍼 박테리아 퇴치를 위한 연구가 지금도 활발하게 진행되고 있습니다. 우리는 현재 세균과의 3차전을 치르는 중이고, 승리를 예상하고 있습니다.

그럼에도 불구하고 전문가들은 항생제를 오남용하지 말라고 경고하고 있습니다. 지금 있는 슈퍼 박테리아를 퇴치하더라도 또 다른, 더 강력한 슈퍼 박테리아가 언제라도 나타날 수 있기 때문이죠.

항생제
현명하게 사용하는 법

그렇다면 우리는 항생제를 어떻게, 얼마나 써야 할까요? 감기 합병증이나 중이염, 축농증, 폐렴 등의 세균성 감염이 일어났을 때 우리는 병원에서 항생제를 처방받습니다. 이 경우 반드시 의사의 지시에 따라, 받은 약을 끝까지 모두 복용해야 합니다. 증세가 나아져도 왜 항생제의 복용을 중단하면 안 될까요? 항생제는 가급적 적게 사용하는 것이 좋지 않을까요?

항생제를 먹으면 며칠 안에 몸이 꽤 나아지는 것이 느껴집니다. 그렇다고 항생제를 끊으면 우리 몸 안에는 여전히 세균이 남아 있게 됩니다. 마치 활활 타오르는 불을 끄더라도 잿더미 안에 불씨가 살아 있는 것처럼요. 세균이 전멸하기 전에 공격을 멈추었기 때문에 세균이 다시 증식하여 병이 재발할 수 있습니다. 심지어 그 세균이 임의로 복용을 중단한 항생제에 내성을 갖는다면, 다른 항생제로 처음부터 다시 치료를 시작해야 할 수도 있지요.

두 번째로 항생제가 필요치 않은 상황에서는 절대 쓰면 안 됩니다. 세균에게 항생제에 노출될 기회를 자주 주면 슈퍼 박테리아와 같이 항생제에 내성을 갖는 세균이 점점 많아지게 됩니다. 감기를 빨리 낫게 하고자 항생제 처방을 요구하는 사람들이 종종 있습니다. 항생제는 세균을 죽이는 물질이기 때문에 바이러스가 원인인 감기에는 효과가 없습니다. 감기로 인해 중이염이나 기관지염 등 세균성 합병증이 생겼을 때가 아니라면요.

또한 가축의 사료에 항생제를 섞어 먹여서도 안 됩니다. 가축이 세균성 병에 걸려 아프면 당연히 항생제를 써야겠죠. 그러나 그동안 축산 농가들은 가축이 아프지 않은데도 예방을 위해 항생제를 사료에 섞여 먹이곤 했습니다. 항상 항생제에 노출되어 있으니 가축이 병에 잘 걸리지 않고 성장 속도도 빨라지겠지요. 하지만 항생제를 먹여서 키운 가축의 고기나 계란을 사람이 먹으면 우리 몸속의 세균 또한 항생제에 내성이 생길 수 있습니다. 이러한 이유로 우리나라는 2011년부터 가축 사료에도 함부로 항생제를 쓰지 못하도록 법으로 금지하고 있지요.

세 번째로 유통 기한이 지났거나 복용 후 남은 항생제는 함부로 버리지 말고 약국의 수거함에 버려야 합니다. 항생제가 그냥 지하수나 강으로 흘러 들어가면 해당 항생제에 내성을 가지는 세균이 늘어나는 원인이 될 수 있기 때문입니다. 실제로 2006년 식품 의약품 안전처가 전국의 강과 축산 폐수, 생활 하수를 검사한 결과, 대장균의 72.5퍼센트가 한 가지 이상의 항생제에 내성을 가지고 있었고, 35.5퍼센트는 네 가지 이상의 항생제에 내성을 보였다고 합니다. 다른 세균 역시 마찬가지 결과를 보였지요. 이렇듯 우리 주변의 환경은 이미 슈퍼 박테리아에 광범위하게 노출되어 있습니다. 함부로 버린 항생제가 그 원인 중 하나지요. 그러므로 더 이상 슈퍼 박테리아가 많아지지 않도록 항생제를 현명하게 관리하고 사용해야 합니다.

엔도르핀
중독을 부르는 물질

02

VOL, I, No,2

바이오NEWS

지금은
마라 전성시대

마라 과자, 마라 라면, 마라 떡볶이 등 '마라를 내세운 신제품이 봇물 터지듯 출시되고 있다. 특히 젊은 층을 중심으로 큰 인기를 끌고 있는 마라는 중국 쓰촨 지방 향신료로 일반적인 매운맛과 달리 자극적이며 알싸한 매운맛이 특징이다. 우리 몸에서 엔도르핀 분비를 촉진하여 자꾸 생각나게 하는 중독성이 있다.

땀을 뻘뻘 흘리고 혀가 얼얼해져도 멈출 수 없는 맛, 바로 매운맛입니다. 떡볶이, 짬뽕, 비빔면 같은 원래 매웠던 음식뿐만 아니라 치킨, 과자, 라면 등에도 매운맛이 등장하고 있지요. 기사에서 이야기하는 마라 열풍도 이러한 매운맛의 인기를 보여 주고 있습니다. 우리는 왜 이렇게 매운맛에 빠져드는 걸까요?

매운맛의 정체는?

우리가 느끼는 매운맛의 정체는 바로 '파이토케미컬(phyto-chemical)'의 일종입니다. 파이토케미컬은 식물을 뜻하는 '파이토(phyto)'와 화학 물질을 뜻하는 '케미컬(chemical)'의 합성어로, 식물성 화학 물질을 의미합니다. 파이토케미컬은 식물의 독특한 맛과 향, 색깔 등을 결정합니다. 자몽의 쓴맛, 마늘의 알싸한 냄새, 토마토의 빨간색이 모두 파이토케미컬 때문에 나타나는 특징이지요. 또한 파이토케미컬은 인간의 건강에 도움을 주기도 합니다.

식물이 인간을 위해 이러한 물질을 일부러 합성해 내는 것은 당연히 아닙니다. 식물은 한번 땅에 뿌리를 내리면 이동이 불가능하기 때문에 강한 햇빛이나 해충 등의 외부 자극으로부터 자기 자신을 보호하기 위해 방어 물질인 파이토케미컬을 만듭니다. 그런 물질을 사람이 먹으면 암을 예방하거나 염증을 완화하는 등의 이로운 효과를 얻기도 하는 것이죠.

이러한 파이토케미컬에는 우리가 잘 아는 포도나 블루베리의 안토시안, 토마토의 리코펜, 당근의 베타카로틴 등이 있습니다. 파이토케미컬 중에서는 매운맛을 내는 물질도 있는데, 천적에게 매운맛을 보여서 자신을 피하게 하는 것이 식물에 유리하기 때문이 겠죠. 가장 유명한 것으로 고추의 얼큰한 맛을 내는 캡사이신, 마늘과 양파의 알싸한 매운맛을 내는 알리신, 후추의 짜릿한 매운맛을 내는 피페린이 있습니다. 또 무, 고추냉이가 가진 찡하고 알싸한 매운맛은 시니그린, 생강의 은은하게 매운맛은 진저롤과 쇼가올 때문이며 요즘 큰 인기를 누리고 있는 마라의 혀끝이 아린 매운맛은 산쇼올 때문입니다.

이 성분들이 내는 매운맛은 재미있게도 미각이 아니라 통각을 통해서 통증으로 느끼게 됩니다. 사람이 혀로 느낄 수 있는 미각은 단맛, 짠맛, 신맛, 쓴맛, 그리고 감칠맛■ 다섯 가지가 전부지요. 영양학 사전에서도 매운맛은 '통각을 느낄 정도의 자극성이 있는 맛'이라고 설명합니다. 캡사이신 같은 매운 성분이 혀에 닿으면 통각 신경을 자극합니다. 통각 신경은 즉각 대뇌에 우리 몸에 캡사이신이 들어왔다는 신호를 전달하고, 대뇌는 이 신호를 통증으로

■ 1908년 일본 도쿄대학의 이케다 기쿠나에 박사가 해초 수프의 맛을 결정하는 물질을 분리한 후, '맛이 좋은 느낌'이라는 뜻의 '우마미'라고 부른 것에서 유래한 미각으로, 1997년에 제5의 미각으로 인정받았습니다.

분석하여 혀에서 아픔을 느끼고 열이 나게 만들지요. 이제 우리의 뇌는 캡사이신이 보낸 경고 신호를 위험으로 받아들이고 해결책을 마련해야 합니다. 119에 신고가 들어오면 불을 *끄*기 위해 소방차를 출동시키는 것처럼요.

우리 몸이 만드는 마약, 엔도르핀

매운맛이 통증이라면 우리는 왜 매운 음식을 먹은 뒤 좋은 기분을 느끼는 걸까요? 혀가 아리다 못해 눈물이 날 지경에서도 계속 먹고 싶을 때가 있지요. 그건 매운맛으로 인한 통증을 완화하기 위해 우리 뇌에서 출동시키는 소방차, 즉 뇌가 만들어 내는 '마약' 때문입니다.

마약이라고 하니 놀랐나요? 대체로 마약이라고 하면 범죄 영화에 등장하는 하얀 가루를 떠올리지만, 사실 마약은 병원에서 종종 쓰입니다. 가장 대표적인 것이 통증을 완화시켜 주는 진통성 마약 모르핀(morphine)이지요. 모르핀은 양귀비에서 추출한 아편의 주성분으로 심한 상처를 입었거나 수술을 했을 때 통증을 없애는 진통 작용을 하면서 하늘을 나는 것 같은 황홀감을 줍니다. 이러한 효과 때문에 모르핀은 지금까지도 최고의 진통제로 사용되고 있습니다.

　20세기 말, 과학자들은 놀랍게도 우리 뇌에서도 이러한 진통제가 만들어진다는 사실을 발견했습니다. 이 진통제는 모르핀과 유사한 작용을 하면서도 그 효과는 무려 100배나 강한 것으로 나타났지요. 이 물질은 '내인성(內因性) 모르핀'이라는 뜻의 '엔도저너스 모르핀(endogenous morphine)'을 줄여 '엔도르핀(endorphin)'이라고 불리게 되었습니다. 체내에서 만들어지는 모르핀이라는 뜻이지요.

　엔도르핀? 웃을 때 나온다는 그 유명한 호르몬? 맞습니다. 사실

열매에 마약 성분이 있는 양귀비. 국내에서는 재배가 금지되어 있다.

엔도르핀은 일종의 비상용 통증 조절 물질로 신체 일부분에서 극심한 통증이 계속될 경우 몸 전체가 쇼크에 이르는 것을 막기 위한 것입니다. 엔도르핀이 신경계의 통증 전달 시스템의 전원을 잠깐 꺼서 몸을 보호하는 것이죠. 예를 들어, 아기가 태어날 때 산모와 태아가 받는 고통은 상상을 초월할 정도로 극심하다고 합니다. 이때 산모의 뇌에서 높은 농도의 엔도르핀이 분비되어 산모와 태아의 통증을 덜어 주는 것이죠. 출산 후 엔도르핀의 농도는 다시 급격히 떨어집니다. 그뿐만 아니라, 엔도르핀은 매운 음식을 먹을 때, 흥분했을 때, 심지어는 운동을 할 때도 분비된다고 합니다. 웃을 때는 왜 엔도르핀이 나올까요? 웃는 상태도 흥분 상태이기 때문에 우리 몸을 진정시키기 위해 엔도르핀이 분비됩니다. 영국의 진화심리학자 로빈 던바에 따르면 웃음으로 엔도르핀 효과를 얻으려면 미소가 아니라 배가 찢어질 만큼 혹은 눈물이 쏙 빠지도록 웃어야 합니다. 다시 말하면, 엔도르핀은 고통을 잊기 위한 일종의 마취제라는 것이죠.

심지어 아무 효과가 없는 가짜 약이 통증을 없애 줄 것이라고 믿고 먹는 것만으로도 뇌에서 엔도르핀이 분비되어 통증을 실제로 줄여 준다고 해요. 2005년 미국 미시간대학의 욘카르 수비에타 교수의 연구 팀은 건강한 남성 지원자 14명의 턱에 인체에 무해한 식염수를 주사하여 통증을 유발했습니다. 그리고 지원자들에게 진통제라면서 가짜 약을 준 다음 20분에 걸쳐 15초마다 연속으로 뇌를 촬영하면서 지원자들에게 통증의 강도를 기록하게 했습니다. 그 결과 9명은 통증이 크게 가라앉았고 나머지 5명에게도 어느 정도 진통 효과가 나타났다고 합니다. 또한 똑같은 통증을 주기 위해 주사해야 하는 식염수의 양도 증가했다고 합니다. 진통제를 먹었다는 '생각'이 지원자들로 하여금 더욱 강한 통증을 견딜 수 있게 한 것이죠. 이 연구는 가짜 약이 효과를 발휘하는 데 엔도르핀이 관여한다는 사실을 최초로 직접 증명한 것입니다.

"이 연구 결과는 가짜 약의 통증 완화 효과가 단순한 심리적 반응일 뿐 실체적인 현상이 아니라는 주장을 뒤엎는 것입니다. 우리는 가짜 약이 통증을 완화시켜 준다고 믿고 먹은 경우 환자의 통증과 관련된 뇌 부위에서 엔도르핀 시스템이 활성화되는 것을 관찰했습니다."라고 수비에타 교수는 말했습니다.

엔도르핀 중독

이렇게 엔도르핀은 우리 몸에 유익한 역할을 하지만 때로는 문제를 일으키기도 합니다. 우리의 뇌가 엔도르핀 효과를 경험하면 몸이 망가지는 것에 아랑곳하지 않고 추가로 엔도르핀을 얻기 위해서 그럴싸한 논리를 교묘하게 짜내기 때문입니다. 매운 음식이 계속 생각나고 더 매운 맛을 찾게 되는 것은, 사실 내가 매운 음식이 맛있어서 즐기는 것이 아니라 엔도르핀을 얻기 위한 뇌의 작전일 수 있어요. 마찬가지로 운동을 충분히 했는데도 자꾸 운동을 더 하고 싶고 머릿속에 운동하는 모습이 계속 떠오른다면 그 운동이 내게 유익해서가 아니라 뇌가 엔도르핀을 원해서 무리하게 운동하게 만드는 것일 수 있습니다.

대표적인 예가 마라톤을 하는 사람들에게 나타나는 '러너스 하이(runner's high)' 현상입니다. 오랜 시간 뛰면 숨이 가빠지고 양 무릎과 온몸의 관절이 아파 옵니다. 뇌에서는 고통으로 인해 쇼크가 오는 것을 막기 위해 천연 진통제 엔도르핀을 분비하는데, 이때 느끼는 해방감이 바로 러너스 하이입니다. 한번 러너스 하이를 겪은 사람은 그 쾌감을 또 느끼고 싶어서 무릎에 무리가 가더라도 달리게 된다고 합니다. 마약 중독과 비슷한 현상이지요.

스트레스가 풀린다고 매운 음식을 자꾸만 먹으면 위벽이 헐고 속이 쓰릴 수 있습니다. 심하면 위궤양이나 위염을 앓을 수도 있지요. 달리기도 너무 많이 하면 무릎에 무리가 가고요. 그러니 엔도르핀의 긍정적인 효과만을 맹신하지 말고, 이를 적절하게 이용하는 지혜가 필요해 보입니다.

VOL. I, No.3   **바이오NEWS**

햄버거병에 걸린 소년 결국 숨져

대장균에 감염된 햄버거를 먹고 8년간 앓던 프랑스 소년이 결국 숨을 거뒀다. 피해자 측 변호사는 "2011년 6월 슈퍼마켓의 햄버거를 먹고 O157:H7 대장균에 감염된 소년이 2019년 9월 합병증으로 끝내 사망했다."라고 밝혔다. 소년이 앓았던 용혈성 요독 증후군(HUS)은 일명 '햄버거병'으로 알려져 있다. 감염 당시 2세였던 소년은 소고기 버거를 먹은 후 전신 마비와 정신 장애를 앓았으며 수술을 수차례 받아 왔다.

햄버거에 무슨 일이?

'햄버거병'이라니, 우리가 좋아하는 햄버거에 무슨 일이 일어난 걸까요? 햄버거병은 1982년 미국 미시간주와 오리건주에서 덜 익힌 패티가 들어간 햄버거를 먹은 아이들 수십 명이 동시에 배탈이 나면서 세상에 처음으로 알려졌습니다. 미국 정부가 그 원인으로 대장균에 감염된 패티를 지목하면서 '햄버거병'이라는 이름이 붙었지요. 10년 뒤 미국 워싱턴주에서도 덜 익은 햄버거를 먹은 200명이 입원하고 4명이 사망하는 사건이 발생했습니다. 그런데 그 뒤 미국에서뿐만 아니라 여러 나라에서 비슷한 증상을 호소하는 사람들이 나타났어요. 1996년 일본에서는 1만 2,000여 명이 집단 감염되고 그중 12명이 사망해 큰 충격을 주었지요.

햄버거병의 정확한 이름은 용혈성 요독 증후군입니다. O157:H7[■] 대장균과 관련 있지요. 꼭 햄버거로만 걸리는 병은 아니에요. 오염된 소고기나 우유, 채소 등을 통해 O157:H7 대장균에 감염될 경우 이 병에 걸릴 수 있지요. 실례로 2019년 11월 말 미국 전역에서 상추를 먹고 70여 명이 이 대장균에 감염되었으며, 이 중 6명에게서 용혈성 요독 증후군이 발병했습니다. 이 병에 걸리면 신장(콩팥)

■ '오일오칠에이치칠'이라고 읽습니다.

이 불순물을 제대로 걸러 주지 못해 합병증으로 빈혈, 혈소판 감소, 급성 신부전 등의 증상이 나타날 수 있어요. 적절히 치료받으면 대체로 잘 회복하지만 소아 사망률이 3~5퍼센트로 보고되었기 때문에 어린아이가 있는 부모는 무척 예민해지지요.

햄버거병이 논란이 되고 그 원인이 대장균이라고 밝혀지면서 대장균을 보는 사람들의 시선도 따가워졌습니다. 그럼 대장균은 나쁘기만 한 균일까요? '대장균'이라는 단어를 보면 무엇이 떠오르나요? 대부분 '오염'이나 '질병' 같은 비위생적인 이미지를 떠올릴 것입니다.

"냉동 만두에서 대장균 검출!"
"통조림 햄 대장균 비상!"

이런 제목의 기사들을 본 적이 있을 거예요. 이유식, 냉동 만두, 통조림 햄, 상추, 젓갈 등 대장균이 검출되었다고 보도된 식품이 수두룩하지요. 일단 대장균이 검출되면 그 식품은 슈퍼마켓에서 팔지 못하고 모조리 회수되곤 합니다. 그런 기사를 보다 보면 대장균은 더럽고 위험하고 반드시 없애야만 하는 세균 같습니다. 하지만 그렇게만 생각한다면 대장균 입장에서는 무척 억울할 거예요.

대장균은 정말 나쁠까?

　대장균은 이름처럼 대장에 살고 있습니다. 우리의 대장 안에는 유익균 집단과 유해균 집단, 그리고 이 둘 중 대세를 따르는 무익균 집단이 서로 견제하며 균형을 이루어 살고 있습니다. 이들을 통틀어 대장균군이라고 합니다. 보통 유익균과 유해균의 비율이 80:20 또는 85:15이면 건강한 상태라고 하지요. 술을 많이 마시거나 다이어트를 심하게 할 경우, 혹은 항생제를 오래 먹어서 이 균형이 깨지면 설사나 장염 등 탈이 나게 됩니다.

　대장균은 이 대장균군을 대표하는 세균의 하나입니다. 약 130년 전 독일 의사 테오도어 에셔리히가 발견했습니다. 그리고 발견자의 이름과 사람의 대장을 뜻하는 '콜리'를 조합하여 '에셔리키아 콜리(*Escherichia coli*)'라는 학명을 붙이게 되었지요.

　대장균은 우리의 대장에 정착하여 오랜 세월 인간과 공생 관계로 살아오고 있습니다. 우리가 잘 소화하지 못하는 식이 섬유의 소화를 돕고, 인간에게 필요한 영양소인 비타민B나 비타민K를 만들며, 다른 병원균의 증식을 억제하는 중요한 역할도 하고 있지요. 이렇게만 보면 박수를 받아도 모자랄 균이 바로 대장균이에요.

　이런 대장균이 어쩌다 모두의 미움을 사게 되었을까요? 심지어 식품 의약품 안전처에서는 음식 1그램당 일반 세균은 경우에 따라

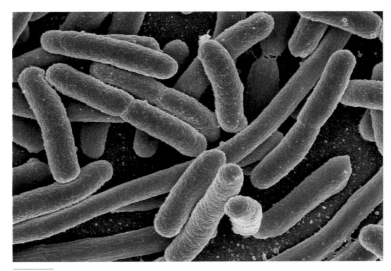

전자 현미경으로 본 대장균. 대부분의 대장균은 우리 몸에 해롭지 않다.

최대 500만 마리(CFU)까지도 허용하지만, 대장균은 단 10마리 미만이어야 한다고 기준을 정해 놓았습니다. 또한 집단 급식소의 행주나 도마에서는 대장균이 1마리도 검출되면 안 되지요. 그 이유는 바로 대장균이 '대장'에 살기 때문입니다.

대장균은 사람이나 동물의 대장에 살기 때문에 가축을 잡는 과정에서, 혹은 가축 배설물을 통해 지하수나 강물, 화장실 등에 남아 있을 수 있어요. 음식이나 행주에서 대장균이 검출되었다면? 그건 다시 말해 대변에 의한 오염을 의심할 수 있다는 뜻이지요. 비록 대장균이 큰 질병을 일으킬 가능성은 적지만, 위생 상태를 간

접적으로 가늠할 수 있기 때문에 그 수에 민감하게 반응하는 것입니다. 음식이나 그 조리 과정이 대변으로 오염되었다면 그 자체로도 좋지 않은 데다 다른 식중독균에 의해 오염되었을 가능성도 충분하기 때문입니다.

햄버거병을 일으키는 대장균의 정체는?

그러면 햄버거병을 일으키는 O157:H7 대장균은 어떤 것일까요? 쉽게 예를 들어 설명해 볼게요. '대장균군'을 서울에 사는 사람들이라고 한다면, '대장균'은 서울에 사는 김씨, 'O157:H7 대장균'은 서울에 사는 김씨 중에서도 김철수 씨라고 할 수 있습니다. 그런데 그 김철수 씨의 성격이 하필 괴팍해서 주변에 큰 피해를 끼쳐요. 실제로 O157:H7 대장균은 전 세계 30여 개 국가에서 질병을 일으킨 화려한 전과를 자랑하고 있습니다. 김철수 씨가 나쁘다고 해서 서울에 사는 모든 김씨들이 나쁜 것은 아닙니다. 다른 김씨들은 억울할 수밖에 없지요. 하지만 O157:H7 대장균이 존재하는 한 병원성이 없는 '착한' 대장균 역시 좋은 이미지를 회복하기는 어려워 보입니다.

O157:H7 대장균은 진화 과정에서 일반 대장균보다 약 1,000개

의 유전자를 더 갖게 된 일종의 변종입니다. 특히 추가된 유전자 중 상당수가 사람에게 질병을 일으키는 독소 유전자이지요. 일반적으로 소의 내장에 서식하는 O157:H7 대장균은 소에게는 병을 일으키지 않아요. 하지만 도축 과정에서 고기에 묻거나 소의 배설물에 의해 채소에 묻어서 우리의 식탁에 오르면 식중독을 유발하기도 합니다. 그래도 큰 걱정을 하지 않는 것은 모든 대장균은 열에 약하기 때문입니다. 음식을 충분히 가열하여 섭취하면 괜찮답니다. O157:H7 대장균도 마찬가지예요.

그러지 못해 문제가 되는 것이 바로 기사에 나온 '햄버거병'입니다. 소고기를 갈아 만든 햄버거 패티를 속까지 충분히 익히지 않은 것이지요. 고기를 조리할 때에는 특별히 그 부분에 신경을 써야 합니다. O157:H7 때문에 모든 대장균에 누명을 씌우면 안 되겠지만, 우리 역시 햄버거를 먹을 때만큼은 패티가 속까지 잘 익었는지 꼼꼼히 확인하면 좋겠습니다.

유전 공학 시대를 이끈 역군, 대장균

대장균은 지난 100년 동안 연구가 가장 많이 된 생명체입니다. 인간은 대장균 연구를 바탕으로 세포 수준에서 일어나는 기본적인 생명 현상을 이해하게 되었습니다. 대장균과 사람은 겉보기에 완전히 다르지만, 세포 단위에서 일어나는 기본적인 생명 현상은 거의 유사하기 때문입니다. "대장균에서 사실인 것은 코끼리에서도 사실이다."라는 말이 있을 정도니까요. 대장균 연구를 통해 주어진 노벨상은 무려 12개에 이릅니다.

과학자들은 대장균을 연구하면서 디엔에이(DNA)의 특정 부위를 자르고 붙이는 '가위와 풀' 같은 효소도 발견했습니다. 그래서 생명체를 직접 조작할 수 있게 되었지요. 그 결과 대장균은 각종 유용한 물질을 생산하는 '세포 공장'의 임무도 수행하게 되었습니다. 대표적인 예로 1980년대 이후 대장균은 자기 몸속에 주입된 인간의 인슐린 유전자를 바탕으로 당뇨병 치료제를 대량 생산해 내고 있지요. 대장균이 인간에게 얼마나 중요한 존재인지 실감이 나지요?

코로나19
바이러스의 습격

04

VOL. I, No.4

바이오NEWS

코로나19 회복 환자 혈장 기부 촉구

2020년 7월, 중앙 방역 대책 본부는 코로나19 혈장 치료제 개발에 지금까지 375명의 완치자가 참여 의사를 밝히는 등 임상 시험에 필요한 혈장이 확보되었다고 밝혔다. 코로나19 완치자의 혈장에는 바이러스에 대한 면역력을 갖는 항체가 포함되어 코로나19 환자들의 조기 회복을 돕는 과정에 활용될 수 있다.

권준욱 중앙 방역 대책 본부 부본부장은 추가로 확보되는 혈장은 임상 시험 후 혈장 치료제를 약으로 생산할 때 활용할 예정이라고 설명했다. 덧붙여 "혈장 공여에 참여해 주신 모든 분에게 감사드린다."라며 앞으로도 적극적인 참여를 요청했다.

전 세계를 휩쓰는
코로나19 바이러스

14세기 중세 유럽 인구의 약 3분의 1인 2,400만 명을 사망에 이르게 한 흑사병(페스트), 1918년 전 세계에서 5,000만 명 이상의 사망자를 발생시킨 스페인독감, 2009년 전 세계적으로 1만 8,000여 명이 사망한 신종플루의 공통점은 무엇일까요? 바로 팬데믹(pandemic) 수준의 감염병이라는 것입니다. 팬데믹이란 감염병이 세계적으로 대유행하는 상태로, 세계 보건 기구의 감염병 경보 단계 중 최고 위험 등급을 말합니다.

그리고 2020년 3월, 세계 보건 기구는 코로나19에 대한 팬데믹을 선언했습니다. 2019년 12월 중국 후베이성 우한시에서 시작된 신종 코로나 바이러스 감염증이 전 세계적으로 급속히 확산되고 있음을 인정한 것이지요. 각국은 국경을 봉쇄하고 사람들의 이동을 통제했습니다. 마스크와 손 소독제가 동이 나고, 집 밖으로 나오지 못하는 사람들은 식료품을 구하는 데 애를 먹었습니다. 우리나라에서도 각종 모임과 인구 밀집 시설을 관리·감독하며 '생활 속 거리 두기'와 '사회적 거리 두기'를 통해 질병 확산을 막기 위해 총력을 기울였습니다. 사람들은 어느 곳을 가든 마스크를 써야 했으며, 학생들은 온라인으로 학교 수업을 하는 상황이 빚어지게 되었습니다.

변신의 귀재

코로나 바이러스가 대체 뭐길래 이처럼 전 세계를 공포에 떨게하는 것일까요? 코로나(corona)는 '왕관'을 뜻하는 라틴어로, 코로나 바이러스를 현미경으로 관찰했을 때 표면에 왕관 모양의 돌기가 보이기 때문에 이런 이름이 붙었습니다. 일반적인 코로나 바이러스는 리노바이러스와 함께 감기를 일으키는 가장 주된 병원체로 대체로는 그 위험성이 높지 않지요. 하지만 이번 코로나19 바이러스의 경우에는 전염력이 강하고 급성 호흡기 질환으로 빠르게 진행되어 팬데믹 상황까지 간 것이죠.

바이러스란 '독'을 의미하는 라틴어 비루스(Virus)에서 유래한 이름으로, 세균보다 크기가 약 1,000배나 작은 병원체입니다. 그래서 세균을 비롯한 동식물의 세포 내부로 쉽게 침입하지요.

그런데 이 바이러스는 생김새만 보아도 참 신기한 녀석입니다. 우리 인간처럼 세포로 구성된 것이 아니라, 유전 물질(RNA 또는 DNA)과 그것을 둘러싼 단백질 껍질로만 구성되어 있습니다. 심지어 이 단백질 껍질 안에는 바이러스의 생존에 필요한 도구들이 아무것도 없습니다. 그럼 바이러스는 어떻게 살까요? 바이러스는 자신의 몸통을 숙주 세포에 부착시킨 후 자신의 유전 물질을 주사기처럼 숙주 세포 안에 밀어 넣습니다. 단백질 껍질은 세포 밖에

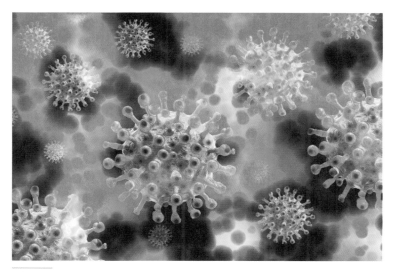

혈액 속 코로나 바이러스를 표현한 이미지. 표면의 돌기 단백질은 인체 호흡기 세포 표면의 단백질에 결합해 인체에 침투한다.

버려두고 말이죠. 그 후, 숙주의 자원들을 마음대로 이용하여 유전 물질을 복제하고 자신과 같은 바이러스를 대량 생산합니다. 그렇게 무수히 수를 늘린 바이러스는 결국 숙주 세포를 뚫고 밖으로 빠져나오지요. 이 과정에서 숙주는 질병을 앓게 됩니다.

특히 코로나19 바이러스같이 유전 정보를 RNA에 저장하는 RNA 바이러스의 경우 RNA 자체가 불안정하고 유전 정보 복제 과정에서 오류가 발생하더라도 복구 시스템이 제대로 갖춰져 있지 않기 때문에 돌연변이가 잘 일어납니다. 이렇게 돌연변이가 일어나면서 우리에게 큰 영향을 미치는 심각한 바이러스들이 등장하기도 합니다. 과거 사스(SARS, 중증 급성 호흡기 증후군)나 메르스(MERS, 중동 호흡기 증후군)도 그런 돌연변이 바이러스가 원인이었죠.

그런데 이러한 돌연변이 바이러스는 주로 다른 동물을 숙주로 거치는 과정에서 발생합니다. 2002년 중국 광둥성에서 발생한 사스는 박쥐의 코로나 바이러스가 사향고양이를 거쳐 변이되어 인간에게 감염된 것이고, 2012년 사우디아라비아에서 발생한 메르스는 박쥐의 코로나 바이러스가 낙타를 거쳐 변이되어 인간에게 감염된 것이지요. 코로나19 바이러스 또한 주로 박쥐에서 발견되었고, 천산갑 등을 숙주로 거치는 과정에서 돌연변이가 발생한 것으로 추정됩니다. 인간이 박쥐나 천산갑 같은 야생 동물의 서식지를 파괴하거나 이 동물들을 잡아 비위생적인 환경에서 식용으로 사용하는 과정에서 사람들에게 알려지지 않은, 그래서 사람들이 아직 면역력을 갖지 못한 돌연변이 바이러스가 인간으로 전염되는 것이죠.

모두가 조심해야

코로나19에 걸리면 열이 오르고 기침이 나며, 그 외에 근육통, 인후통, 콧물, 코 막힘, 두통, 설사 등 다양한 증상이 나타납니다.

후각이나 미각이 일시적으로 사라지기도 하지요. 이러한 증상은 보통 경미하고 점진적으로 나타나는 것으로 보고되어 있습니다.

그러나 일반인보다 면역력이 낮은 기저 질환자들에게 코로나19는 특히 위험한 것으로 밝혀졌습니다. 고도 비만, 당뇨병, 만성 신장 질환, 치매 환자 등이 여기에 해당하지요. 65세 이상 고령자도 코로나19에 취약합니다. 이들이 코로나19 바이러스에 감염되었을 때 인공호흡기 치료가 필요한 중증으로 악화할 확률이 더 높습니다. 2015년 우리나라에 메르스가 유행했을 때 사망률이 높았던 이유 중 하나도 병원에 이미 입원해 있던 환자들 사이에서 전염이 이루어졌기 때문이지요. 게다가 메르스 사망자가 23명으로 집계될 당시 사망자의 평균 나이는 71세였습니다. 즉, 노약자나 임산부, 암 환자 등 면역력이 약한 사람은 피해가 클 수 있다는 뜻이죠.

물론 감염된 모든 사람이 심각하게 앓는 것은 아닙니다. 많은 사람이 가벼운 증상만을 겪거나 자신이 감염되었는지도 모른 채 지날 가능성이 있습니다. 실제로 질병 관리 본부의 발표에 따르면 감염자의 약 80퍼센트는 특별한 치료 없이 회복되며, 국내 환자의 20~30퍼센트는 무증상자였다고 합니다. 하지만 무증상 감염 상태에서 활발하게 일상생활을 할 경우 이웃이나 친구, 가족에게 의도치 않게 전파할 가능성이 크기 때문에 각별히 주의를 기울여야 합니다. 또한 젊은이가 코로나19에 걸렸을 때 원인을 알 수 없는 과잉 염증 반응, 즉 사이토카인 폭풍으로 인해 중증 질환으로 발전해 심한 경우 사망하는 사례가 계속 보고되고 있습니다. 젊다고 안심하기보다는 나와 내 가족, 다른 이들을 위해 함께 방역 수칙을 지키는 것이 중요합니다.

백신과 치료제

사람들이 코로나19 바이러스를 그렇게 무서워하는 이유는 코로나19에 대한 백신과 치료제가 아직 없기 때문입니다. 코로나19 증상이 나타나 병원을 찾아도 열을 떨어뜨리거나 호흡을 편하게 하도록 도와주는 정도일 뿐 결국 환자 스스로의 면역력으로 이겨 내기를 기다릴 수밖에 없는 것이죠. 다행히도 기사에서는 코로나19로부터 회복한 완치자들에게 혈장을 기증받아 치료제를 만들고 있다고 밝히고 있습니다. 우리나라에서도 혈장을 활용한 치료제가 임상 시험 단계에 있지요. 혈장이란 혈액에서 적혈구나 백혈구 같은 혈구 성분을 제외한 액체 성분을 말합니다. 혈장에는 코로나19 바이러스를 무력화할 수 있는 항체가 포함되어 있어 치료제로 활용할 수 있고, 냉동 후 3년까지도 사용할 수 있다고 합니다.

백신을 개발하기 위한 연구도 활발하게 진행되고 있습니다. 코로나19 바이러스의 표면을 둘러싸고 있는 단백질 껍질의 성분 일부 또는 바이러스의 유전자를 우리 몸에 넣으면 면역 세포들이 코로나19 바이러스가 침입한 것으로 인식해 방어 무기인 항체와 기억 세포를 만들어 냅니다. 그렇게 항체가 생성되면 나중에 진짜로 코로나19 바이러스에 감염되었을 때 우리 몸의 면역 세포가 신속하고 효과적으로 대응할 수 있는 것이죠. 대규모 인원을 상대로 약물에 대한 안전성을 검토하는 마지막 시험 단계인 임상 3상에 돌입한 후보 물질도 등장했으니 백신 생산도 시간문제일 것입니다.

그렇다면 지금 우리가 할 수 있는 일은 무엇일까요? 바로 개인 위생에 힘써서 감염 경로를 차단하는 것입니다. 손만 잘 씻어도 바이러스 질병에 걸릴 확률은 20퍼센트 이하로 낮아집니다. 마스크 착용도 중요합니다. 마스크는 다른 사람으로부터 나를 보호하기도 하지만, 내가 앓는 감염병을 주변에 퍼뜨리지 않도록 막아 주기 때문이지요. 더불어 규칙적인 운동, 균형 잡힌 식사, 충분한 휴식 등의 건강한 생활 습관으로 인체의 방어 능력을 향상하는 것이 질병 예방에 큰 도움이 됩니다.

바이러스 감염병의 확산을 다룬 2011년 영화 「컨테이젼」에서 미국 질병 통제 센터의 박사는 기자들에게 "늑장 대응으로 생명을 잃는 것보단 과잉 대응으로 비난받는 게 낫다."라고 말합니다. 지금도 마찬가지입니다. 누구든 감염될 수 있는 상황이니만큼 모두가 조심해서 감염병 위기 상황을 하루라도 빨리 극복해 내기를 바랍니다.

05

이코노미 클래스 증후군

그래도 피는 돈다

VOL. I. No.5   바이오NEWS

택시 기사, 이코노미 클래스 증후군으로 사망

2000년 7월, 일본 오사카에서 한 택시 기사가 음식점 2층으로 손님을 데리러 갔다가 계단을 내려오던 중 쓰러져 사흘 후 사망하는 사고가 발생했다. 그의 사망 원인은 폐혈관이 막히는 폐 경색.

택시 기사는 사망하기 전날 밤 7시간 이상 앉은 자세로 지속하여 운전을 한 것으로 알려졌다.

이코노미 클래스 증후군은 혈액 순환이 제대로 되지 않아 발생하는 현상입니다. 좁은 좌석에 오래 앉아 있으면 피의 흐름이 둔해지고 허벅지나 다리처럼 심장과 먼 부분은 피의 속도가 느려져 혈전(핏덩어리)이 생길 수 있습니다. 그러다가 목적지에 도착해 걷기 시작하면 피의 흐름이 다시 활발해지는데 이때 혈전이 갑자기 혈관을 막아 심장이나 폐 기능에 장애를 일으킬 수 있지요. 비행기의 가장 좁은 좌석인 이코노미 클래스에 앉아 장시간 비행을 한 후 나타나는 경우가 많아 '이코노미 클래스 증후군'이라는 이름이 붙었죠. 그래서 좁은 공간에 장시간 있게 될 경우에는 스트레칭 등을 해서 우리 몸속에서 피가 원활하게 순환하도록 돕는 것이 중요합니다. 이 정도는 상식이라고요? 지금이야 누구나 혈액이 우리 몸을 순환한다는 사실을 알고 있지만, 이 사실을 밝히기 위해 많은 이들의 노력이 있었습니다.

피는 간에서 만들어진다?

"피는 어디에서 만들어지는가?"라는 질문에 17세기 이전의 사람들은 '상식적으로' 간에서 만들어진다고 대답했습니다. 간의 색깔이 피의 색깔과 가장 비슷하고, 간 주변으로 혈관이 매우 발달했기 때문입니다. 로마 시대의 의사 갈레노스는 우리가 먹은 음식이 소화 흡수되면 정맥을 통해 간으로 가서 혈액으로 바뀌고, 그 혈액은 다시 심장으로 간다고 말했습니다. 이렇게 심장으로 들어온 혈액은 심장을 좌우로 나누는 격막의 구멍을 통해 동맥으로 전달된다고 여겨졌지요. 그렇게 온몸에 파도처럼 퍼져 나간 혈액은 우리 몸 구석구석 영양소를 전달하며 흡수되거나 소비되어 사라진다고 믿었습니다. 우리가 설거지하거나 샤워할 때 쓰는 물이 수도꼭지에서 나와 하수구로 흘러가듯 말이죠. 그래서 이론의 이름도 '혈액 파도설'이었습니다.

하지만 갈레노스의 이론에 따라 하루에 필요한 피의 양을 계산해 보면 무려 7톤에 달합니다. 인간이 매일 7톤의 피를 생산하고 소비하려면 적어도 매일 이 정도의 양을 먹거나 마셔야 하는데, 이는 불가능하고 실제로도 그렇지 않습니다. 지금은 얼토당토않아 보이지만, 갈레노스의 이론은 당시의 지식과 정보를 종합한 상당히 권위적인 과학적 사실이었습니다.

피의 순환을 증명하기까지

그리고 이 이론은 무려 17세기에 이르러서야 무너지게 됩니다.

영국의 의학자 윌리엄 하비는 동물 해부를 통해 심장에서 나오는 피의 양이 아주 많다는 것을 관찰했습니다. 그리고 갈레노스의 이론처럼 음식을 섭취하여 얻은 재료만으로 혈액을 계속 만들어 낸다는 생각이 비합리적이라고 여겼습니다. 또한 팔을 고무줄로 묶으면 혈액이 사라지는 것이 아니라 혈관이 부풀어 오른다는 점, 뱀의 한쪽 혈관(대동맥)을 묶으면 심장에 피가 모이지만 다른 혈관(대정맥)을 묶으면 심장이 빈다는 점 등을 기초로 혈액은 한 번 사용된 후 사라지는 것이 아니라 계속 순환하면서 재사용된다고 주장했습니다. 팔을 묶었을 때 혈관이 부풀어 오르는 것은 피가 혈관 끝에서 사라지지 않고 다시 돌아온다는 것을 의미하기 때문이지요. 또한 뱀의 특정 혈관을 묶을 때 심장에 피가 모이거나 빈다는 것은 피가 한 방향으로 흐른다는 것을 의미하지요.

이러한 그의 주장은 앞선 선배들의 업적이 있었기에 가능했습니다. 먼저 16세기 벨기에의 해부학자 안드레아스 베살리우스는 심장의 오른쪽 공간(우심실)과 왼쪽 공간(좌심실)이 두터운 막으로 완전히 분리되어 있기 때문에 심장 내에서 피가 옆으로 이동할 수는 없음을 밝혀냈습니다. 심장 가운데에 있는 격막의 구멍을 통해 피가 이동한다고 한 갈레노스가 틀렸다는 것을 증명해 낸 것이지요. 그러나 그는 갈레노스의 이론에 감히 도전한 죄로 많은 의학자의 비난과 질투를 받았고, 박해에 지쳐서 해부학 연구를 그만둘 수밖에 없었습니다.

같은 시기에 스페인의 의학자인 미카엘 세르베투스는 심장 오른쪽 공간의 혈액은 격막의 구멍이 아닌 폐를 통해 심장의 왼쪽 공간으로 이동한다는 사실을 밝혀냈습니다. 심장의 오른쪽에서 왼쪽으로 피가 이동하기 위해 폐를 거침으로써 혈액이 새롭게 바뀐다는 것을 알아낸 것입니다. 그는 실제로 "폐에서 혈액의 공기가 걸러지고, 새로운 공기가 혼합되면서 혈액의 색이 바뀐다."라며 혈액이 재활용된다는 내용을 최초로 자신의 책에 썼습니다.

이후에도 혈액 순환을 밝혀내기 위한 노력은 이어졌습니다. 1603년 히에로니무스 파브리치우스는 정맥 혈관 속의 판막이 혈액이 거꾸로 흐르는 것을 막는다는 점을 밝혀냈습니다. 혈액이 한 방향으로 흐른다는 주장을 뒷받침할 확실한 증거를 찾아낸 것이죠. 그리고 1628년, 파브리치우스의 제자였던 하비는 선배들의 업적에 스스로 밝혀낸 증거를 더하여 마침내 혈액 순환 이론을 세웁니다.

심장에서 심장으로

하비가 혈액 순환 이론을 내세우고 실험으로 증명하기까지 했지만, 심장에서 출발한 피가 다시 심장으로 돌아오는 과정을 완전히 밝혀낸 것은 아니었습니다. 혈관은 손이나 발 같은 우리 몸의 끝부분으로 갈수록 가늘어져 모세 혈관이 됩니다. 너무 가늘어서 맨눈으로 보는 것이 불가능하지요. 하비는 심장에서 출발한 동맥피와 심장으로 돌아오는 정맥피가 어디서 어떻게 연결되는지 대답하지 못했습니다.

이 수수께끼를 풀어낸 사람이 바로 이탈리아의 의학자 마르첼로 말피기입니다. 그는 맨눈으로는 볼 수 없는 작은 세포와 조직을 현미경으로 관찰하는 연구를 주로 했습니다. 말피기의 가장 유명한 업적이 바로 모세 혈관을 발견한 것이지요. 하비가 세상을 떠난 지 4년 후인 1661년, 말피기는 현미경으로 개구리의 폐를 관찰하다가 아주 가느다란 혈관과 그 속을 흐르는 혈액을 보았다고 발표했습니다. 폐에서 동맥과 정맥을 연결해 주는 모세 혈관의 정체를 눈으로 확인한 것이죠. 그가 이 사실을 밝혀냄으로써 혈액 순환 이론은 비로소 완성됩니다.

이로써 인체가 작동하고 각 기관이 서로 소통하는 원리를 이해하게 되어 인체 생리학과 의학이 더욱 발달하는 계기가 되었습니다. 뱀이나 해충에 물렸을 때 독이 퍼지는 원리를 이해하여 응급 상황에 대처하고, 뇌에서 만들어진 호르몬이 몸의 다른 부위에서 작용하는 원리 등을 파악하여 장애에 대응하는 것 등이 모두 혈액 순환 이론을 바탕으로 가능한 것이죠. 심지어 우리가 병을 치료하기 위해 주사를 맞거나 약을 먹는 것조차 혈액이 순환한다는 것을 몰랐다면 어려운 일이지요.

피의 생로병사

그렇다면 피가 '간에서' 만들어진다는 이론은 어떻게 되었을까요? 여러분은 피가 어디서 만들어지는지 아시나요? 심장? 심장은 피를 뿜는 펌프이지 피를 만드는 곳은 아닙니다. 핏속의 혈액 세포는 바로 조혈 모세포에서 만들어지지요. 조혈 모세포는 혈액 세포를 만드는 어머니 세포입니다. 적혈구, 백혈구, 혈소판 등 혈액을 구성하는 모든 세포를 만드는 능력자이지요. 조혈 모세포는 사실 매우 미성숙한 세포입니다. 이것이 분열하여 그 수를 늘려 가다가 완전히 성숙해지면 혈액 세포가 되는 것입니다. 이러한 조혈 모세포는 대부분 척추나 골반처럼 뼈 안에 있는 골수에 존재하지요.

피는 우리 몸을 구성하는 약 60조 개의 세포들이 생명 활동을 할 수 있도록 영양분과 산소를 공급해 주고, 몸에 해로운 노폐물을 치워 줍니다. 심장의 좌심실에서 출발한 혈액은 동맥을 타고 이동하여 가느다란 모세 혈관을 통해 각 세포에 산소와 영양분을 전해 줍니다. 그러고는 세포에서 만들어진 이산화탄소와 노폐물을 받아서 정맥을 타고 다시 심장으로 돌아오지요. 이 과정에서 노폐물은 신장의 혈관을 지나가면서 걸러지고, 이산화탄소는 폐의 혈관을 지나가면서 산소와 교환됩니다. 피는 다시 심장으로 가서 여정을 반복하지요. 우리 몸의 혈관을 한 줄로 늘어놓으면 약 10만 킬로미터에 이르지만, 심장을 출발한 혈액은 불과 몇 분 만에 온몸을 한 바퀴 돌아 다시 심장으로 돌아오지요.

우리가 당연하게 여기던 혈액 순환이 이렇게 많은 사람의 노력을 통해 밝혀진 사실이라는 것이 놀랍지 않나요? 가슴에 손을 얹어 보세요. 지금 이 시간에도 우리 몸 구석구석에 피를 보내기 위해 힘차게 뛰고 있는 심장이 느껴질 거예요.

06

세포 자살

스스로 죽어야 할 때

VOL. I. No.6   바이오NEWS

암세포 자살 유도 물질 발견

2018년 11월, 산림청 국립 산림 과학원은 성균관대학교와 공동 연구로 복령의 균핵에서 항암 물질을 발견했다고 밝혔다. 복령은 소나무에 기생하는 버섯으로, 소나무 뿌리에서 공급받는 영양 물질을 저장하는 부분이 복령의 균핵이다. 공동 연구 팀은 복령의 균핵으로부터 분리한 천연 화합물에서 암세포의 자살을 유도하여 폐암 세포의 증식을 억제하는 효과를 확인했다. 이제까지는 복령의 성분이 명확히 밝혀지지 않은 채 한약재로 판매됐지만, 이후 관련 연구가 더욱 활발해질 것으로 기대된다.

사람들에게 "암이 무엇일까?" "왜 사람이 암 때문에 죽게 될까?" 하고 물으면 대부분 "암세포 덩어리가 생기고 그게 계속 커져서 그렇지." 정도의 대답을 합니다. 그런데 암의 정체는 생각보다 충격적입니다. 본래는 암세포도 '정상 세포'였기 때문입니다. 대부분의 세포는 자라다 수명이 다하면 자연적으로 늙어 죽습니다. 그러나 비정상 세포, 손상된 세포 등은 생물의 생장이나 발달에 영향을 끼칠 수 있어서 '자살'해야 합니다. 가장 대표적인 예가 바로 암세포지요. 이러한 세포 자살 과정을 생명 과학 용어로 '아폽토시스(apoptosis)'라고 합니다. 세포의 자살이 과연 무엇이고 왜 필요한지를 이해하기 위해서 먼저 익숙하면서도 낯선 단어 '암'에 대해 알아보겠습니다.

자살에 실패한 세포, 암

우리 몸을 구성하는 세포들은 끊임없이 태어나고 분열하며 소멸하는 과정을 반복합니다. 세포가 분열할 때는 세포가 가진 DNA 서열을 그대로 복사해서 두 세포가 동일하게 나눠 가져야 하지요. 그런데 이 과정에서 오류가 생기면 돌연변이가 됩니다. 이렇게 태어난 돌연변이 세포는 무한 증식하면서 덩어리를 이루며 우리 몸 아무 곳에서나 혹처럼 자리를 차지하게 됩니다. 이러한 돌연변이 세포 덩어리를 '종양'이라고 합니다.

사실 종양에는 두 가지가 있습니다. 먼저, 피부에 생기는 사마귀처럼 어느 정도 자라면 더 이상 자라지 않는 종양을 '양성 종양'이라고 합니다. 양성 종양은 주변 조직을 파괴하지도, 전이를 일으키지도 않기 때문에 해당 부위만 제거하면 일반적으로 큰 문제가 없습니다. 종양이 생긴 부위에 따라 제거하지 않고 더 커지지 않는지 지켜보기만 하기도 하지요.

반면 돌연변이 세포가 증식을 멈추지 않고 우리 몸의 아무 곳에서나 덩어리를 이루며 계속 자라서 결국에는 생명까지 위협하는 종양을 '악성 종양'이라고 합니다. 이것이 우리가 흔히 말하는 '암'이죠. 악성 종양을 이루는 세포들은 성장이 빠른 데다가 주변 조직으로 파고들어 정상 세포들을 파괴합니다.

심지어 암세포가 20회 이상 분열하면 그 주변으로 새로운 혈관들이 만들어지기 시작합니다. 혈관이 만들어진다는 것은 엄청나게 심각한 일입니다. 이주민이 한곳에 정착하여 물을 확보하기 위해 수로를 파서 강물을 끌어오고 주변의 마을 사람들과 생필품을 사고팔기 위해 도로를 내면서 인구가 폭발적으로 늘어나는 것과 비슷한 상황이거든요. 암세포는 새로 만들어진 혈관을 통해 직접 영양분을 공급받기 시작하면서 더욱 폭발적으로 분열합니다. 그 결과 크기가 더욱 커지고, 동시에 일부 암세포는 혈관을 타고 신체의 다른 부위로 옮겨 가기도 하지요. 그것을 '암이 전이된다.'라고 합니다.

이처럼 암은 정상 세포가 변해서 생겨난 것으로 세포의 성장과 분열을 조절하는 정상적인 통제 기능이 망가져 제멋대로 자라는 무법자입니다. 심지어 일반적인 세포를 실험실에서 배양하면 최대 50번 정도 분열한 후 죽는 것과 달리, 암세포는 조건만 맞으면 무한히 증식하는 불멸의 존재입니다. 실제로 1951년에 자궁경부암으로 사망한 미국의 헨리에타 랙스의 암세포는 지금까지 5000만 톤 이상 배양됐고, 지금도 전 세계에서 각종 연구에 활발히 사용되고 있지요.

세포 자살, 아폽토시스

앞에서 암세포와 같은 비정상 세포나 손상된 세포는 반드시 자살해야 한다고 말했습니다. 세포 자살은 사실 정상 세포가 갖고 있는, 암세포는 잃어버린 기능이지요.

그렇다면 세포는 과연 어떤 방식으로 자살할까요? 세포에 이상이 생기거나 세포가 극복하기 어려운 스트레스에 노출되면 세포 내의 p53이라는 유전자가 세포 자살이 일어나도록 시동을 겁니다. 이후 일련의 단백질들이 자살 신호를 전달하면, 세포는 쪼그라들

헬라 세포

1951년 2월, 존스홉킨스대학병원의 조직 배양 연구원 조지 가이는 자궁 경부암을 앓는 헨리에타 랙스의 난소에서 동전 크기의 암세포 조직을 얻어 배양했습니다. 랙스의 암세포는 몇 주 안에 죽어 버리는 다른 세포와는 달리 증식을 멈추지 않았지요. 이 불멸의 세포에 조지 가이는 랙스의 이름에서 철자를 따 '헬라 세포'(HeLa cell)라 이름 붙인 뒤 연구용으로 무료 배포했습니다. 대부분 동물 실험에 의존해 오던 연구자들에게 인간 세포인 헬라 세포는 혁신이었죠. 이 헬라 세포 덕분에 암 치료제와 소아마비 백신 등이 개발될 수 있었습니다.

하지만 랙스의 가족들은 헬라 세포 채취 후 20년이 지난 뒤에야 우연히 그 사실을 알게 되었습니다. 병원에서 가족에게 제대로 동의도 구하지 않은 채 랙스의 암세포 조직을 채취했기 때문이죠. 본인과 가족의 동의 없이 채취된 암세포가 전 세계의 연구실로 제공되는 것에 연구 윤리 위반이라는 비판이 일었습니다.

이에 2020년 헬라 세포를 이용하는 일부 생명 과학 회사와 연구실에서는 헨리에타 랙스 재단에 기부를 하고 랙스의 후손들을 위해 기부금을 사용하도록 했습니다. 이 뒤늦은 조치가 랙스의 가족들에게 위로가 될 수 있을까요?

고 유전 정보를 담은 내부의 DNA는 규칙적으로 절단되지요. 결국 세포 자체가 작은 덩어리로 쪼개지면 주변의 백혈구(식세포)가 쪼개진 세포 조각을 쓰레기를 처리하듯 삼킵니다. 이를 어려운 말로 '아폽토시스'라고 하지요.

아폽토시스는 우리 몸 안에서 빈번하게 발생하는 현상입니다. 일단 성장 과정에서 불필요한 부분을 없애기 위해서 세포 자살이 일어납니다. 엄마 배 속에서 태아의 손이 만들어질 때 처음에는 야구 글러브 모양의 손이 먼저 나옵니다. 그다음에 손가락 부분을 제외한 나머지 영역의 세포들이 자살함으로써 5개의 길쭉한 손가락이 완성되지요. 올챙이가 개구리가 될 때 올챙이의 꼬리가 사라지는 것도 마찬가지로 꼬리 부분에서 세포 자살이 일어난 결과죠.

세포가 자살을 하는 두 번째 경우는 세포가 암세포로 변할 가능성이 있을 때입니다. 화학 약품, 방사선, 바이러스 감염 등으로 DNA가 심각한 손상을 입으면 세포는 이를 스스로 감지하고 자신이 암세포로 변해 전체에 피해를 주기 전에 자살을 결정하지요. 즉 아폽토시스는 우리 몸이 제대로 형성되고 기능하도록 하는 동시에, 암세포가 발생하지 않도록 감시하는 중요한 현상입니다.

이 아폽토시스 과정에 문제가 생긴 세포들은 자살하지 못하고 살아남습니다. 특히 암세포는 정상 세포보다 세포 자살 신호에 둔감하지요. 세포 자살에 관여하는 유전자에 돌연변이가 생겼기 때문입니다. 그래서 대부분의 정상 세포와 달리 제한 없이 증식하지요. 기사에서는 소나무에 기생하는 복령이라는 버섯에서 분리된 물질이 암세포를 자살시키는 효능을 보였다고 밝혔습니다. 물론 항암제로 개발되기 위해서는 앞으로도 많은 단계가 남아 있겠지만요.

새로운 항암제들

그렇다면 현재 과학자들은 암세포를 어떻게 자살시킬까요? 1세대 항암제로 불리는 화학 항암제는 암세포의 아폽토시스를 유도하도록 개발되었습니다. 하지만 기존 항암제는 암세포뿐만 아니라 주변의 정상 세포까지 함께 아폽토시스를 유도하는 부작용이 있었습니다. 그래서 환자들은 소화 불량, 구토, 탈모, 면역 세포 감소 등의 증상을 겪었지요.

이후 2세대 항암제로 등장한 표적 항암제는 정상 세포와는 다른 암세포만의 특징을 찾아내 그 부분을 집중 공격하도록 설계되었습니다. 예를 들어 암이 자라는 데 필요한 단백질이 작동하지 못하게 막거나 암세포에 양분을 공급하는 혈관만을 사멸시키는 것이죠. 1999년 백혈병 치료제 '글리벡'이 최초의 표적 항암제로 등장하였으며, 2000년에는 유방암 세포만 골라 죽이는 '허셉틴'이 출시되어 지금도 처방되고 있습니다. 이들 표적 항암제는 암세포만 골라 죽이기 때문에 부작용이 적지만, 표적으로 삼을 암세포의 특징이 제한적이고 내성이 생기면 치료 효과가 급격히 떨어진다는 단점이 있습니다.

그래서 최근에는 몸속의 면역 세포를 이용해 암세포를 죽이는 면역 항암제가 3세대 항암제로 출시되고 있습니다. 면역 항암제는 기존 항암제보다 부작용이 거의 없고 내성도 적어 치료 중 일상생활이 가능하다는 장점이 있지요. 또한 거의 모든 암에 적용할 수 있어 각국의 제약 회사들이 앞다투어 면역 항암제를 개발하고 있습니다.

이렇듯 항암제의 진화에 힘입어 일부 암 환자들의 생존 기간이 늘어나고 완치를 바라보는 단계에 접어들었습니다. 정말 반가운 소식이지요? 이런 다양한 원리를 적용하여 재발 우려가 없는 항암제들이 속히 개발되기를 바랍니다.

VOL. I, No.7

바이오NEWS

적게 자도 멀쩡한 유전자가 있다?

캘리포니아대학 연구 팀은 잠을 무척 적게 자고도 멀쩡하게 생활하게 하는 돌연변이 유전자를 발견했다고 밝혔다. 연구 팀은 규칙적으로 밤 10시에 잠자리에 들어 각각 새벽 4시와 4시 30분에 기상하는 어머니(69)와 딸(44)을 조사한 결과, 이들의 'DEC2' 유전자가 변형된 것을 발견했다. 연구 팀은 또한 실험 쥐의 뇌파와 행동을 관찰하여 이 돌연변이 유전자를 가진 실험 쥐가 잠을 덜 잔다는 사실을 추가로 확인했다. 이들 모녀 외에 다른 가족들은 일반적인 수면 시간인 약 8시간을 잤다. 돌연변이 DEC2 유전자는 수면 주기가 빠르게 돌아가도록 만드는 것으로 분석됐다. 이로서 '단시간 수면자(쇼트슬리퍼)'의 비밀을 밝힐 단초가 마련된 셈이다.

한편 미국 국립 보건원은 '단시간 수면자'는 아주 이례적인 현상일 뿐, 일반 성인은 하루에 7~9시간 잠을 자야 하며 이보다 적게 수면을 취할 경우 기억력 감퇴와 면역 체계 약화 등으로 건강을 해칠 수 있다고 경고했다.

여러분은 하루에 몇 시간 정도 자나요? 6시간? 7시간? 학교 다녀와서 숙제하고, 게임도 좀 하고 유튜브도 좀 보다 보면 어느새 밤 12시가 훌쩍 넘어가기 일쑤입니다. 그리고 아침이면 접착제로 붙인 것 같은 눈꺼풀을 억지로 떼어 내며 일어나지요. 이럴 때면 하루에 4~5시간만 자고도 멀쩡했으면 좋겠다는 생각이 절로 듭니다. 세상에는 그런 사람들이 정말로 있습니다. 바로 기사에 나온 '단시간 수면자'이지요.

발명왕 토머스 에디슨은 매일 4~5시간씩만 자며 하루 평균 18시간을 연구했다고 스스로 밝혔습니다. 에디슨뿐만 아니라 나폴레옹, 영국의 전 수상 대처 같은 사람들도 하루에 4~5시간 정도만 잤다고 하지요. 이처럼 일반인보다 훨씬 적게 자도 일상생활이 충분히 가능할 뿐만 아니라 오히려 다른 사람보다 더 에너지가 넘치는 사람들을 '단시간 수면자', 영어로는 '쇼트슬리퍼(short-sleeper)'라고 부릅니다. 이들은 어떻게 그렇게 조금만 자고도 멀쩡할 수 있을까요? 우리도 노력하면 단시간 수면자가 될 수 있을까요? 그것을 알려면 잠이 우리에게 끼치는 영향을 먼저 알아보아야 합니다.

잠을 자면 머리가
맑아지는 이유

시험공부 때문에 혹은 올림픽 같은 스포츠 경기를 보다가 잠을 제대로 자지 못하면 다음 날 무슨 일이 벌어지나요? 하품이 계속 나오고 눈이 저절로 스르르 감기지요. 수업 시간에 집중이 안 되는 것은 물론이고, 누가 불러도 잘 알아듣지 못하고 멍하게 있기 일 쑤입니다. 한마디로 피곤해져서 일상생활이 방해를 받게 됩니다. 그래서 과학자들은 '왜 수면 결핍이 뇌 기능에 장애를 일으키는가?', 즉 '왜 잠을 자면 뇌가 회복되는가?' 하는 것을 굉장히 궁금해했지요.

이에 대해 미국 로체스터대학 연구 팀은 잠이 뇌를 청소하는 기능과 관련되어 있다는 것을 밝혀냈습니다. 우리가 깨어 있는 동안 뇌 속에 노폐물이 쌓이는데 그것이 잠자는 동안 씻겨 나간다는 것입니다.

우리의 뇌와 척추 속에는 그 안을 돌아다니면서 외부로부터 받는 충격을 줄여 주고 호르몬과 노폐물 등을 운반하는 뇌척수액이 있습니다. 연구 팀은 우리가 자는 동안 이 뇌척수액이 흐르는 통로가 넓어져 뇌척수액의 움직임이 활발해지는 것을 발견했습니다. 깨어 있는 동안에는 잔잔한 파도 같던 뇌척수액이 잠든 동안에는 밀물처럼 뇌 안으로 들어오는 셈이죠. 특히 이 과정에서 치매와 관련된 노폐물인 베타-아밀로이드 등이 신속히 제거되는 것이 생쥐 실험을 통해 확인되었습니다. 자고 나서 머리가 맑아졌다는 표현이 과학적으로 사실이라는 것을 밝혀낸 셈이죠.

그렇다면 깨어 있는 동안 만들어진 노폐물은 왜 바로바로 제거되지 못하고 잠든 사이에 청소되는 것일까요? 연구 팀은 로체스터 대학 보도 자료에서 다음과 같이 설명합니다.

"뇌가 다룰 수 있는 에너지는 한정돼 있습니다. 그래서 뇌는 서로 다른 두 가지 기능 상태 사이에서 선택을 해야만 합니다. 깨어 있고 의식이 있는 상태, 또는 잠이 들고 청소하는 상태. 이는 여러분이 집에서 파티를 여는 것과 비슷합니다. 여러분은 손님을 접대하거나 또는 집을 청소할 수 있지요. 하지만 두 가지 일을 동시에 할 수는 없지 않습니까?"

재미있는 것은 돌연변이 DEC2 유전자를 지닌 단시간 수면자들은 위의 뇌 청소 과정을 더 짧은 시간에 처리할 수 있다는 점입니다. 그래서 4~5시간만 자고 일어나도 컨디션이 회복되는 것이죠. 그러나 이러한 선천적인 단시간 수면자는 전체 인구의 1퍼센트 미만에 불과하다고 합니다. 그러므로 단시간 수면자가 아닌 사람이 인위적인 노력으로 잠을 줄이려고 하면 매우 위험할 수 있습니다. 모든 사람에게는 저마다 자신에게 적합한 수면 시간이 있기 때문이죠.

기억을 붙여 주는
강력 접착제

잠의 기능에는 또 어떤 것이 있을까요? 컴퓨터나 휴대전화에는 정해진 용량이 있어 저장된 정보가 많아지면 정보 처리 속도가 느려지고 새로운 파일을 저장할 수 없습니다. 그래서 우리는 주기적으로 전자 기기에 저장된 파일을 정리해야 하죠. 뇌도 마찬가지입니다. 매일 경험하는 수많은 기억과 정보를 한정된 용량의 뇌에 모두 저장할 수는 없습니다. 뇌가 기억을 정리할 시간이 필요한데 그것이 바로 잠자는 시간입니다. 실제로 과학자들은 렘수면▪ 단계에서, 학습 중일 때와 동일한 신경 세포가 활동한다는 것을 발견했습니다. 그래서 이 시간을 '수면 학습 시간'이라고 부르기도 하지요.

뇌를 구성하는 신경 세포들은 '시냅스'라는 부위로 서로 이어져 있습니다. 하나의 신경 세포는 평균 3,000~1만 개 정도의 시냅스를 갖는다고 합니다. 문어는 다리가 8개, 오징어는 10개이듯이, 신경 세포는 일종의 다리가 3,000~1만 개라고 보면 이해가 쉬울 거예요.

▪ 많은 연구에 따르면, 뇌가 기억을 정리하는 수면 학습은 수면의 여러 단계 중에서도 렘(REM)수면 단계에서 이루어집니다. 렘수면 단계는 몸은 자고 있으나 뇌는 깨어 있는 상태로 대부분의 꿈은 이때 꾸게 됩니다.

이 시냅스 중에는 '기억 저장 시냅스'가 있습니다. 우리가 잠자는 동안 중요한 기억을 저장한 시냅스는 더욱 견고해져서 저장된 기억을 더 오래 보관하게 됩니다. 반대로 중요하지 않은 기억이 저장된 시냅스는 끊어져서 기억을 지우게 됩니다. 영화 「인사이드 아웃」에서 주인공인 라일리가 자는 동안 라일리의 뇌에서 필요 없는 기억 구슬이 회색으로 변하며 절벽 너머로 떨어지는 장면이 있었죠. 바로 그러한 일이 뇌에서 일어나는 겁니다. 한편 어떤 시냅스는 유연해집니다. 이 과정에서 떨어져 있던 신경 세포가 새로 연결되기도 합니다. 이전에는 존재하지 않던 시냅스가 새로 생겨나면서 창의적인 생각을 하게 되는 것이죠. 이와 같은 과정을 통해 뇌에 저장된 기억을 정리하고 뇌의 용량을 비우는 것입니다.

그럼 일단 잠을 많이 자면 더 똑똑해지고 창의력이 늘어날까요? 안타깝게도 뇌는 무엇이든 저절로 터득할 수는 없습니다. 그날 학습하고 경험한 내용을 정리해서 저장하기 때문에, 낮에 공부해 두지 않으면 자는 동안 진행되는 수면 학습은 불가능해요.

잠은 뇌를
완성하는 시간

잠은 우리 머리를 맑게 하고, 심지어 수면 학습을 통해 뇌를 더 똑똑하게 만든다고 했습니다. 그런데 청소년일수록 잠이 더욱 중요한 이유가 또 있습니다.

1979년 미국 시카고대학의 피터 후튼로처 교수는 신생아부터 90세 노인까지 21명의 뇌 전두엽 부분을 전자 현미경으로 관찰하여 시냅스의 수를 일일이 셌습니다. 그 결과, 청소년 시기에 시냅스의 수가 큰 폭으로 감소한다는 예상치 못한 발견을 하게 됩니다. 시냅스의 수가 기억력 및 창의력과 비례할 것으로 여겼던 과학자들은 크게 당황하죠. 어떻게 어린이보다 청소년의 시냅스 수가 적을 수 있을까요? 후튼로처 교수가 연구 과정에서 실수한 것은 아닐까요?

인간의 뇌는 태어나서 10여 년 동안 급속히 성장하는데 이때 시냅스들이 여기저기 마구잡이로 복잡하게 얽히게 됩니다. 가지가 엉망진창 제멋대로 자란 나무처럼 서로 엉켜 있는 것이죠. 그래서 마구잡이로 자란 나무를 가지치기로 정리하듯 '시냅스 가지치기'(synaptic pruning)를 통해 뇌를 정리하고 성숙시키는 일이 청소년기에 일어납니다. 이런 시냅스 가지치기 작업은 꿈을 꾸지 않고 깊이 잠이 든 상태인 비렘수면 상태에서 주로 일어난다고 해요. 그러니까 꿈조차 꾸지 않을 정도로 푹 자야 청소년기에 뇌가 잘 정리되고 성장하는 것이죠.

특히 청소년기는 뇌의 전두엽이 성숙하는 민감한 시기입니다. 전두엽은 합리적이고 논리적인 사고를 하게 하는 부분이죠. 그러한 전두엽이 한창 발달하는 청소년 시기에 장기적으로 잠이 부족하면 뇌 구조가 비정상적으로 만들어질 수 있어요. 실제로 미국 캘리포니아대학 매슈 워커 교수는 청소년에게 잠이 부족한 것이 조현병을 포함한 정신 질환이 발병하는 주요 원인이라고 주장합니다.

그런데 이상하게도 청소년기에는 일찍 잠드는 것이 어렵습니다. 밤 9시나 10시에 얼마나 눈이 말똥말똥한데 자라니요. 휴대전화 때문일까요? 아닙니다. 매슈 워커 교수는 그의 저서 『우리는 왜 잠을 자야 할까』에서 이를 청소년 시기 생체 시계의 변화 때문이라고 설명합니다. 즉, 정상적인 발달 과정이라는 것이죠.

어린이의 생체 시계는 성인과 비교해서 약간 빠르게 맞춰져 있습니다. 그래서 어린이들은 대체로 일찍 자고 일찍 일어나지요. 그런데 사춘기가 되면 생체 시계가 성인보다 대략 2시간 가까이 급격히 늦춰집니다. 수면 호르몬인 멜라토닌의 분비가 늦어지기 때문에 청소년들은 밤 10시가 되어도 잠이 오지 않는 것이죠. 청소년에게 밤 9시에 자라고 하는 것은 성인에게 저녁 7시에 자라고 하는 것과 비슷한 셈입니다. 청소년이 늦게 잠들고 늦게 일어나는 것은 의지나 게으름의 문제가 아니라, 생물학적 명령이라 할 수 있지요. 이 점을 감안해서 뇌를 더욱 맑고 똑똑하게 만들고 싶다면, 우리 모두 효율적으로 잠을 '잘' 잡시다.

성장 호르몬

건강하게 키 크는 방법

VOL. I, No.8   바이오NEWS

고대 이집트 파라오 '거인증' 앓았다

2017년 스위스 취리히대학 연구 팀은 1901년 발굴된 고대 이집트 제3왕조의 첫 파라오 사나크테의 유골을 분석해 거인증이라는 결론을 내렸다고 밝혔다. 사나크테의 키는 대략 187센티미터로 고대 이집트인의 평균 키가 162.5센티미터인 것과 비교하면 확연히 크다. 연구를 이끈 프란체스코 갈라시 박사는 "일반적으로 파라오는 평민들보다 영양 상태가 좋아 키가 크다. 그러나 사나크테는 이를 고려해도 월등하게 크며 왕가에서도 가장 큰 키"라고 설명했다.

'거인증'(Gigantism)은 성장판이 닫히기 전에 성장 호르몬이 너무 많이 나와 키가 비정상적으로 크게 자라는 병입니다. 키가 완전히 자라면 2미터 이상이 되기도 하지요. 이러한 거인증은 보통 뇌의 성장 호르몬을 만드는 부분에 암이 생기는 경우 발생합니다. 적절한 양의 성장 호르몬을 만들고 멈춰야 하는데 암으로 인해 통제가 제대로 이루어지지 못한 까닭이죠.

한편 성장판이 닫힌 뒤에도 계속해서 성장 호르몬이 나오면 더이상 키가 자라지 못하기 때문에 얼굴과 손발 등 신체의 끝부분이 커지는 '말단 비대증'으로 바뀌게 됩니다. 거인증과 말단 비대증 모두 일반적인 모습과는 차이가 있기 때문에 다른 이들의 과도한 관심이나 호기심 어린 시선 때문에 괴로움을 겪기도 합니다.

성장판에서 뼈가 자란다

성장판은 뼈의 양쪽 끝에 있는 연골 조직으로, 뼈가 자라서 키를 크게 하는 장소이지요. 보통 우리는 '뼈'라고 하면 갈비탕이나 닭요리에서 보듯 딱딱한 막대를 떠올리지만, 뼈는 사실 세포가 분열하고 피가 흐르는 살아 있는 조직입니다. 실제로 태아의 팔다리뼈는 모두 연골로 되어 있습니다. 아기가 성장하면서 연골의 가운데

부분부터 딱딱한 뼈로 변하고, 나중에는 남은 뼈의 양 끝 연골 부분이 성장판이 됩니다. 여기서 세포 분열이 활발히 일어나 연골 세포의 수가 늘어나고 결국에는 단단해지는 과정을 거쳐 우리가 떠올리는 바로 그 뼈로 바뀝니다. 성장판에서 자란 연골이 뼈로 바뀐 만큼 뼈가 길어지고, 그만큼 우리의 키도 커지는 것이죠.

그렇게 성장판의 세포 분열이 활발해서 키가 성장하는 시기를 '성장판이 열렸다', 성장판의 세포 분열이 멈추어 더 이상 키가 크지 않는 시기를 '성장판이 닫혔다'라고 말합니다.

이렇듯 성장판이 열리고 닫히는 것은 크게 두 가지 호르몬의 작용에 좌우됩니다. 바로 '성장 호르몬'과 '성호르몬'이죠. 생쥐를 대상으로 한 실험 결과에 따르면, 성장기에 뼈끝으로 오는 성장 호르몬을 비롯한 여러 생체 신호가 얼마나 연골 세포를 깨우는지, 그리고 연골 세포끼리 그 신호를 주고받아 얼마나 활발히 세포 분열을 하는지가 성장의 관건이라고 합니다.

성장 호르몬은 뇌에서 분비되는 호르몬으로 어린이와 청소년의 뼈와 연골이 자라도록 돕는 역할을 합니다. 그뿐만 아니라 모든 연령에서 단백질을 만들고, 지방을 분해하며, 혈당을 높이는 역할도 하지요.

반대로 성장판을 닫히게 하는 것은 바로 성호르몬입니다. 여자는 뼈 나이 약 15세, 남자는 약 17세가 되면 성호르몬의 영향으로 모든 성장판이 닫히고 키가 더 이상 자라지 않습니다. 그렇게 한번 닫힌 성장판은 다시 열리지 않습니다. 여자는 초경 이전, 남자는 변성기 이전에 키가 거의 다 크는 것이지요. 가끔 어른들이 군대에 가서도 키가 큰다더라 하는 말씀을 하실 거예요. 예전에는 중학교 3학년은 돼야 사춘기가 시작되고 2차 성징이 나타났기 때문에 고등학교를 졸업하고 바로 군대에 갈 경우 정말로 키가 자랐습니다. 그러나 지금은 사춘기가 빨라져서 초등학교 때 2차 성징이 시작되기도 합니다. 그것은 성호르몬이 빨리, 많이 분비된다는 것, 성장판이 빨리 닫힌다는 것을 뜻합니다. 그래서 요즘에는 20세가 넘어 키가 크는 경우가 드물어요.

'키 크는 주사'는
정말 효과가 있을까?

간혹 뇌에 문제가 생겨 한창 키가 커야 하는 시기에 성장 호르몬이 제대로 분비되지 않는 경우가 있습니다. 대표적인 예가 바로 170센티미터라고 알려진 축구 선수 리오넬 메시죠. 메시는 어려서부터 축구에 뛰어난 재능을 보였지만 늘 또래 중에서 제일 작았다고 합니다. 메시가 11세일 때 그 이유가 밝혀졌는데, 바로 성장 호르몬 결핍증 때문이었습니다. 아무리 실력이 뛰어나도 키가 자라지 않는 것은 큰 문제였기에 메시는 매일 밤 다리에 성장 호르몬 주사를 맞았다고 합니다.

성장 호르몬 주사의 효과는 어떨까요? 메시처럼 성장 호르몬 결핍으로 인한 저신장에는 분명한 효과가 있다는 것이 의학계의 공통된 의견입니다. 하지만 그렇지 않은 어린이, 즉 성장 호르몬이 정상적으로 나오거나 유전적으로 키가 작은 어린이에게도 효과가 있느냐는 의견이 분분합니다. 식품 의약품 안전처에서는 성장 호르몬 주사가 '키 크는 주사'가 아니라 '저신장 치료제'라는 것을 강조하고 있지요.

게다가 성장 호르몬 주사는 무척 번거롭고 부작용도 있습니다. 잠들기 전 배, 팔, 허벅지 등에 어린이가 직접 혹은 부모가 주사를 놓아야 하고, 보통 일주일에 6~7회 주사를 맞아야 하지요. 또한 다량의 성장 호르몬을 인위적으로 투여하는 것은 당뇨병이나 근육병, 미세 혈관 장애, 조기 사망과도 관계가 있다고 하니 주의해야 합니다.

그렇다면 성장 호르몬이 더 잘 분비되도록 하는 방법은 없을까요? 성장 호르몬은 영양 상태나 운동, 수면 등의 환경 조건에 따라 많은 영향을 받습니다. 균형 잡힌 영양 섭취, 규칙적인 운동, 충분한 수면 등이 키가 크는 데에 굉장히 중요한 이유지요. 특히 성장 호르몬은 가만히 있을 때보다 몸을 일정한 강도 이상으로 움직일 때 더 많이 분비됩니다. 농구나 줄넘기같이 성장판을 자극하는 가벼운 점프 운동을 꾸준히 하면 키 성장에 도움이 될 수 있지요. 그러나 너무 높이 점프하면 착지할 때 과도한 힘이 성장판에 전달되어 연골 세포가 자라는 데 지장을 줄 수 있으니 주의해야 합니다. 그리고 성장 호르몬은 푹 자고 있을 때 많이 분비됩니다. 꿈을 꾸고 있을 때는 성장 호르몬이 나오지 않아요. 보통 밤 10시에서 새벽 2시 사이에 가장 많이 나오기 때문에, 이 시간대에 규칙적으로 그리고 '깊이' 잠드는 것이 좋지요.

키는 유전일까, 환경일까?

그렇다면 사람의 키를 결정짓는 요인은 유전일까요, 환경일까요? 키에 영향을 주는 요인은 유전이 70~80퍼센트쯤을 차지합니다. 부모의 키에 따라 자식의 키가 어느 정도는 결정되는 것이죠. 그러나 성장판이 열려 있다고 해서 모두 비슷한 속도로 자라는 것이 아니기 때문에 나머지 20~30퍼센트의 환경적 요인은 생각보다 굉장히 중요합니다.

동일한 유전자를 물려받은 남북한을 예로 들어 볼게요. 탈북 남성의 키로 추정한 남북한 성인 남성의 키 차이는 10센티미터에 이른다고 합니다. 특히 나이가 어릴수록 남북한의 키 차이는 더 커집니다. 성균관대학교 슈베켄디에크 교수의 연구에 따르면 2002년을 기준으로 했을 때 남북한 유아들의 평균 키 차이는 8~12센티미터에 달했고, 특히 7세 남자의 경우 남한이 122센티미터, 북한이 109.3센티미터로 무려 12.7센티미터가 차이 났다고 합니다. 남북한의 유전적 요인이 거의 유사하다는 점을 감안하면 경제적 차이에서 비롯된 환경의 영향이 얼마나 결정적인지 짐작할 수 있습니다.

그러므로 키가 크고 싶다면 성장판이 닫히기 전에 성장에 영향을 미치는 환경적인 요인인 영양과 운동, 수면, 스트레스를 잘 관리하는 것이 좋습니다. 특히 성장기 비만은 성장 호르몬 분비를 방해하거나 사춘기를 앞당겨 성장 가능한 시기를 단축시킬 수 있으므로 살이 과도하게 찌지 않도록 주의해야 합니다.

2부

알면 더 재미있는
생명 과학 상식들

섬기린초의
학명에
다케시마가
있다고?

학명

VOL. II, No.1 **바이오NEWS**

식목일 맞아 열린
특별한 독도 사랑 행사

식목일을 앞두고 시민들에게 섬기린초 화분을 배포하는 뜻깊은 행사가 진행되었다. 독도의 자생 식물인 '섬기린초'의 학명은 *Sedum takesimense* Nakai로, 독도의 일본식 이름인 '다케시마'가 들어 있다. 일제 강점기에 일본 학자 나카이가 학명을 지었기 때문이다. 행사를 기획한 성신여대 서경덕 교수는 "일본은 절대로 못하는, 한국에서만 할 수 있는 '독도 캠페인'의 일환으로 섬기린초를 무료로 나눔으로써 시민들이 생활 속에서 독도 사랑을 실천할 계기를 마련해 주고 싶었다."라고 말했다.

생물에 이름을
붙이는 법

일제 강점기의 창씨개명에 대해서 들어 본 적이 있지요? 1940년 일제는 우리 고유의 문화와 전통을 말살하려고 조선인의 이름을 일본식으로 바꾸도록 강요했습니다. 이러한 비극이 비단 이 땅의 사람에게만 들이닥쳤던 것은 아니었나 봅니다. 우리 땅에 자생하는 식물의 이름에도 일제의 흔적이 고스란히 남아 있어요. 어째서 이런 일이 벌어졌던 것일까요?

특정한 생물을 가리키는 이름은 수도 없이 많습니다. 예를 들어 우리가 '고양이'라고 부르는 동물이 있습니다. 고양이라고 하면 한국어를 쓰는 사람은 어떤 생물을 말하는 것인지 바로 떠올릴 수 있지만, 우리말을 모르는 외국인은 전혀 감을 잡지 못할 것입니다. 반대로 Chat, 猫, Gato, Katze 역시 모두 고양이를 가리키는 외국어지만, 각 단어가 무엇을 가리키는지 우리는 알기 어렵습니다. 이렇게 각 나라 또는 지역에서 사용하는 생물의 이름을 '일반명(또는 지방명, 지역명)'이라고 합니다.

그래서 과학자들은 생물의 종(種)에 대한 학문적인 의사소통을 원활하게 하기 위해 생물마다 만국 공통의 이름을 붙였습니다. 이 것이 바로 '학명'(Scientific name)으로 라틴어로 짓는 것이 특징입니다. 우리 이름이 '성+이름'으로 구성되는 것과 비슷하게 생물의 학명도 '속명+종소명'으로 나타내며, 일반적으로 맨 뒤에 학명을 지은 사람의 이름을 추가하여 '속명+종소명+명명자'의 형태로 기록합니다. 즉, '홍길동'이라는 이름이 '홍'씨 가문의 '길동'이라는 사람을 나타내듯 기사에 등장하는 섬기린초의 학명인 *Sedum takesimense* Nakai■는 '*Sedum* 속의 takesimense 종이라고 Nakai라는 사람이 지은 것'임을 나타내지요. *Sedum*은 돌나물, takesimense는 다케시마를 의미하므로 섬기린초의 학명은 '다케시마에서 자라는 돌나물 종류(속)의 식물'이라는 의미를 담고 있습니다.

그런데 이 '나카이(Nakai)'라는 일본인 이름이 심상치 않습니다. 그의 이름은 한반도 고유 식물 대부분의 학명에 등장해요. 무려 527종의 한반도 고유 식물 중 327종의 학명에 Nakai가 붙어 있습니다. 심지어 개나리, 능금, 산딸기, 수수꽃다리 등 우리에게 아주 익숙한 식물의 학명에도 붙어 있지요. 도대체 그가 누구이기에 우리나라 식물의 학명을 이리도 많이 만들었을까요?

나카이 다케노신은 20세기 초에 활약한 일본의 식물 분류학자로 도쿄대학 교수, 고이시카와식물원 원장 및 일본 국립과학박물관 관장을 지냈습니다. 그는 일제 강점기에 한반도의 식물을 연구했고, 조선 총독부는 그가 수집한 정보를 조선 식민 통치

■ 속명과 종소명은 이탤릭체로 쓰거나 밑줄을 그어서 다른 단어와 구별해야 하며, 학명을 지은 사람의 이름은 대문자로 시작하되 정자로 쓰고 이탤릭체나 밑줄을 긋지 않는 것이 규칙입니다.

금강초롱꽃. 금강산에서 처음 발견되어 금강초롱꽃이라는 이름이 붙었다고 한다.

에 활용했다고 합니다. 나카이는 우리의 천연기념물인 금강초롱꽃의 학명에 일본의 초대 공사 하나부사 요시모토의 이름을 넣어 *Hanabusaya asiatica* Nakai라고 짓기도 했습니다. 군 병력까지 동원해 자신의 식물 조사 활동을 지원한 조선 총독부에 감사하는 의미였지요. 지금의 학명만 본다면 금강초롱꽃이 아시아 지역의, 아마도 일본과 관계 있는 식물이려니 생각되지요. 어느 누가 한반도의 천연기념물이라고 짐작할 수 있을까요?

코리아를 이름에
품은 식물들

그렇다면 학명에 우리나라를 담고 있는 식물은 없을까요? *koreana*, 즉 '한국의'라는 뜻의 글자를 학명에 넣어 우리나라에서만 발견되는 고유종임을 드러낸 식물도 있습니다. 개나리(*Forsythia koreana* Nakai), 개비자나무(*Cephalotaxus koreana* Nakai), 눈측백(*Thuja koraiensis* Nakai), 버드나무(*Salix koreensis* Anderss), 복분자딸기(*Rubus coreanus* Miq.), 잣나무(*Pinus koraiensis* Siebold & Zucc.) 등이 바로 그것입니다. 하지만 우리 땅에서 자라는 약 450종의 나무 중에 *koreana*가 붙은 나무는 많지 않습니다. 우리나라 나무의 학명 또한 일제 강점기에 정리되었기에 일본을 뜻하는 *japonica*가 주로 사용되었기 때문이지요.

여기까지 설명하면 많은 사람이 이런 의문을 품습니다. 학명에서 '다케시마'나 '나카이' '자포니카'같이 일본과 관련된 글자를 빼 버리고 새로 만들면 되지 않을까? 대답은 "유감스럽지만, 원칙상 불가."입니다. 생물의 학명은 '국제 명명 규약'이라는 규칙에 따라 만들어지며, 새로운 종을 발견했을 때 학명을 붙이는 것은 그 생물을 세계 최초로 발견한 사람의 자유이자 권리이기 때문입니다. 물론 특정 생물이 우리나라와 일본에 동시에 서식하고 있으나 자세히 살펴보니 두 나라 생물 간에 뚜렷한 차이가 있다면, 명확한 구별 근거를 제시함으로써 우리나라에서 새로운 종으로 보고하는 것이 가능합니다. 하지만 말처럼 쉬운 일은 아니겠지요.

기억할 것은 특정한 지역이나 사람의 이름이 학명에 등장하더라도 이는 단순히 과거의 시대상을 반영한 것에 지나지 않는다는 것입니다. 그러므로 학명을 바탕으로 우리나라의 특정 생물 자원에 대해 일본이 소유권을 주장할 수는 없습니다.

식물의 영어 이름은?

그래도 식물의 이름에 남은 일제 강점기의 흔적을 보면 우리의 주권을 온전히 찾아오지 못한 것 같은 안타까운 마음이 계속 남습니다. 다른 방법은 없을까요? 있습니다. 바로 식물의 영어 이름(영명)을 바꾸는 것입니다. 영어 이름도 앞서 설명한 일반명 가운데 하나입니다. 하지만 영어는 세계적으로 워낙 많이 쓰이다 보니, 여러 분야에서 생물에 대한 정보를 기록할 때 라틴어로 된 어려운 학명 대신 영명을 보편적으로 쓰기도 하지요.

그러므로 우리나라 자생종에 대해서 우리나라 식물임을 강조할 수 있는 영어 이름을 제시하자는 운동이 일어나고 있습니다. 예를 들면, 독도와 울릉도에서만 자생하는 섬초롱꽃의 학명을 고칠 수는 없지만 영명은 우리 고유의 식물인 점을 올바로 반영하여 Korean bellflower라고 세계인에게 소개하자는 것이죠.

식물의 영명이 바뀐 대표적인 예가 바로 벚나무입니다. 해마다 벚꽃 철이 되면 벚나무 원산지 논란이 벌어지는데 그 역사를 한번 살펴보겠습니다. 1912년 일본은 우호의 상징으로 미국의 워싱턴 D.C.에 3,000여 그루의 벚나무를 기증했습니다. 그중에는 왕벚나무도 포함돼 있었습니다. 이후 매년 벚꽃이 활짝 필 때마다 축제가 열렸고, 벚나무는 일본을 홍보하는 거대한 문화 상품이 되었지요. 그러나 1941년 일본이 미국의 하와이에 있는 진주만을 기습하자 미국에서는 반일 감정이 치달아 벚나무를 모두 베어 버리려고 했습니다. 당시 미국에 망명 중이던 이승만 박사는 일본이 미국에 기증한 왕벚나무는 한국의 제주도와 울릉도가 원산지이므로 '일본 벚나무'(Japanese cherry tree)라고 부르는 것이 잘못됐다며, '한국 벚나무'(Korean cherry tree)로 바꿔 부르고 이들을 보존할 것을 요청했습니다. 그러나 미국 정부는 증거 부족을 이유로 '동양 벚나무'(Oriental cherry)라는 중립적인 이름을 대안으로 제시했고, 워싱턴 D.C.의 벚나무들은 모두 살아남게 되었습니다. 실제로 벚나무를 검색하면 이제는 Oriental cherry라는 영명을 볼 수 있습니다.

그런데 사실 우리나라 왕벚나무가 일본 왕벚나무의 조상인지 여부는 지금까지도 논란이 분분합니다. 우리는 흔히 일본의 국화가 벚꽃이고 우리나라에 있는 벚나무는 모두 일본에서 들여온 것이라고 알고 있지만 그렇지 않습니다. 일단 일본은 법으로 지정된 국화가 없습니다. 그리고 왕벚나무의 자생지는 일본이 아니라 우리나라에서만 발견되었지요. 2018년 DNA 분석 결과 일본과 우리나라에서 자라는 왕벚나무는 서로 관계가 없다는 것이 밝혀지면서 우리나라의 것은 '왕벚나무'로, 일본의 것은 '소메이요시노벚나무'로 부를 것이 제안되었습니다. 두 벚나무의 학명도 *Prunus yedoensis* Matsumara라고 함께 부를 것이 아니라 한국 왕벚나무만의 학명을 새로이 지어야 한다는 의견이 나오고 있습니다.

이처럼 우리의 토종 식물들에 제 이름을 찾아 주는 작업은 아직도 숙제로 남아 있습니다. 학명과 일반명, 일반명 중에서도 영명의 특징과 영향력을 잘 이해해 이 땅의 모든 식물에 제대로 된 이름을 찾아 주는 일에 더 많은 사람이 관심을 가지면 좋겠습니다.

유전자로
친자 확인을
어떻게 하지?

염기 서열

VOL. II, No.2 　　　　　바이오NEWS

한국 전쟁 전사자 신원 확인,
새로운 기술 도입 필요

2019년 3월, 정부는 한국 전쟁 전사자 유해 발굴 및 신원 확인 사업을 대대적으로 시작한다고 발표했다. 지난 20년 가까이 국방부가 발굴한 국군 전사자의 유해는 1만 200여 구. 그러나 이 중 신원이 확인되어 가족의 품으로 돌아간 경우는 132구로 전체의 1.3퍼센트에 불과하다.

국방부는 전사자 신원 확인을 위해 유가족 4만 5,000여 명의 DNA를 확보했지만, 그동안 썼던 유전자 확인 기술인 STR 기술의 한계 때문에 큰 성과를 거두지 못했다. 이러한 한계를 보완하기 위해 새로운 SNP 기법을 추가 도입해야 한다는 주장이 일고 있다. 실제로 서울의대 연구 팀은 STR 기술로 신원을 확인하지 못했던 제주 4·3 항쟁 희생자의 유해 329구 중 49명의 신원을 SNP 기법으로 확인해 낸 바 있다.

SNP는 기존의 검사보다 최소 2배 이상 비용이 요구되지만, 고령으로 별세하는 유가족이 늘어감에 따라 정부의 적극적인 대응이 요구된다.

DNA 서열에
담긴 신비

드라마에서 갑자기 출생의 비밀이 드러나고 이를 확인하기 위해 유전자 검사를 하는 장면이 나올 때가 있습니다. 어떻게 그것이 가능할까요?

우리 몸을 구성하는 세포의 핵 안에는 DNA라는 것이 있습니다. 엄청난 길이의 DNA가 실타래같이 뭉쳐 있는 것을 염색체라고 부르지요. DNA는 우리 몸을 구성하는 모든 정보를 보관하고 있는 일종의 백과사전에 비유할 수 있습니다. 그 안에는 우리의 얼굴, 팔과 다리 등의 생김새뿐만 아니라 혈액형, 성별, 키, 심지어 성격과 관련된 모든 정보가 들어 있지요. 그렇다면 DNA와 유전자는 어떻게 다를까요? 아래 문장을 한번 볼게요.

그시요귀산**안녕하세요**암우겨쟁**저는유전자입니다**반고히래또일서중**요한역할을하지요**터범삭

이 문장은 분명 모두 한글로 쓰여 있지만, 의미가 있는 구간과 없는 구간으로 나뉩니다. 이를 DNA에 비유해 보면 여기서 문장의 글자 전체를 'DNA(또는 DNA 서열)', 의미가 있는 구간을 '유전자', 의미가 없는 구간을 쓰레기에 비유하여 '정크 DNA(Junk

DNA)'라고 할 수 있습니다. 물론 정크 DNA 또한 중요한 기능이 있다는 사실이 새로이 밝혀지고 있지요. 하지만 우리 몸과 관련된 모든 정보는 DNA 서열 중에서도 유전자 부분에 있습니다.

한편 DNA는 뉴클레오타이드의 연속되는 결합으로 이루어집니다. 아래 그림에서 T 또는 ⊥ 가 1개의 뉴클레오타이드에 해당하지요. 뉴클레오타이드가 모여 사다리 모양을 이루고, 이것이 뒤틀려 있는 형태가 바로 DNA 이중 나선입니다.

그런데 DNA를 구성하는 뉴클레오타이드에는 여러 종류가 있습니다. 그림의 사다리에서 발로 밟고 올라서는 부분(염기)의 종류에 따라 네 가지로 나눌 수 있는데, 간단히 A(아데닌), G(구아닌), T(티민), C(사이토신)라고 줄여서 부르지요. 인간의 DNA 서열을 구성하는 30억 개의 A, G, T, C가 늘어서는 순서는 사람마다 차이가 있습니다. 이때 DNA 서열의 99퍼센트는 모든 사람이 같고 단지 1퍼센트 정도만 서로 다른데, 그 1퍼센트가 개인의 고유한 지문과 같은 역할을 하지요. 그러므로 이 1퍼센트의 일부를 선택해 분석하면, 혈흔이나 침 속의 DNA를 이용하여 범죄자를 찾을 수 있고, 나와 어떤 사람이 혈연관계인지 아닌지도 알아낼 수 있는 것입니다.

부모님이 누구인지
99.9퍼센트 아는 방법

기사에 등장한 STR 기술은 현재 가장 기본적으로 사용되는 DNA 식별 기법입니다. 여기서 STR는 Short Tandem Repeat의 줄임말입니다. 우리말로 그대로 풀어 쓰면 '짧은 염기 서열 반복 구간'이지요. STR는 보통 2회에서 많게는 10회까지 일정한 염기 서열이 반복적으로 계속 붙어 있는 형태로 염색체에서 관찰됩니다. 아주 간단히 예를 들자면, 아래 임의의 서열에서 CTA가 사람마다 다르게 반복되어 나타나는 것처럼, STR는 개인마다 특징적인 서열이 서로 다른 횟수로 반복되는 것이 특징이지요.

이미 알고 있겠지만, 염색체는 엄마와 아빠로부터 각각 절반씩 물려받습니다. 생식 세포가 분열하고 정자와 난자가 만나는 과정에서 다시 결합하여 나의 염색체가 되지요. 어머니로부터 '4회 반복'된 1번 염색체를 물려받고, 아버지로부터 '7회 반복'된 1번 염색체를 물려받은 사람 A는 '4-7'이라는 값을 가지게 됩니다. 같은 논리로 사람 B의 STR는 '3-6'의 값을 갖게 되지요.

[사람 A] 1번 염색체의 STR

어머니가 물려준 1번 염색체	…AGACTACTACTACTACTGGTG…	4회 반복
아버지가 물려준 1번 염색체	…AGACTACTACTACTACTACTACTGGTG…	7회 반복

[사람 B] 1번 염색체의 STR

어머니가 물려준 1번 염색체	…AGACTACTACTACTGGTG…	3회 반복
아버지가 물려준 1번 염색체	…AGACTACTACTACTACTACTGGTG…	6회 반복

이처럼 STR는 분석 기술의 이름이라기보다는 DNA 구간 중 여러 번 반복되는 특정 부위를 가리키는 말입니다. 이 부분을 대조하면 쉽게 둘 이상의 DNA가 같은 사람의 것인지 혹은 서로 가족인지 등을 알아낼 수 있기 때문에 'STR 기술'이라고 부르게 되었지요. 이 기술은 1980년대 중반, 영국의 유전학자 알렉 제프리스가 STR 부위의 반복 횟수가 사람마다 다르다는 사실을 알아내면서 개발되었습니다.

물론 위의 예처럼 한 군데의 STR만 분석한다면, 여러 사람이 같은 결과가 나올 확률이 높겠지요. 그러나 여러 개의 STR를 동시에

유전자 채취를 위해 전사자의 뼈를 다듬는 연구원.

분석하면 개인 식별 확률이 점점 높아질 것입니다. 실제로 전혀 관계가 없는 두 사람이 열 군데 이상의 STR 분석 결과가 일치할 확률은 몇 억 분의 1이라고 합니다. 그러므로 미국 연방 수사국에서는 사람의 염색체에 존재하는 열세 군데 STR를 지정하여 실제 범죄 수사에 이용한다고 합니다.

　또한 앞의 예시에서 확인할 수 있듯이 STR의 반복되는 정도가 부모와 자식 간에는 거의 차이가 없을 정도로 같습니다. 그러나 세대가 지남에 따라 STR 반복 횟수도 점차 변합니다. 그래서 친족 관계가 가까울수록 STR 패턴이 비슷하거나 같고, 다른 사람일 경우 확연하게 차이가 나지요. 그러므로 부모 자식 관계를 확인하는 DNA 검사 결과는 '99.9퍼센트 이상의 확률로 친자 관계가 성립한다.'라는 보고서가 발행될 수 있는 것입니다.

그러나 STR를 이용한 개인 식별은 DNA가 훼손되었을 경우 결과가 부분적으로 나와 해석이 매우 어렵다는 단점이 있습니다. 또한 부모 형제를 넘어 삼촌 관계로만 멀어져도 유가족을 찾아낼 확률이 1/3 정도로 낮아지는 한계가 있지요. 즉, 기사에서처럼 열악한 환경 조건에 오랜 기간 노출되었던 전사자 유해의 경우 DNA 손상이 심하기 때문에 정확한 분석이 어려울뿐더러, 직계 가족이 사망하여 살아 있는 친척들의 DNA와 비교해서는 신원을 확인하기 쉽지 않은 것입니다.

STR의 대안으로
떠오른 SNP

이에 대한 대안으로 언급되는 것이 SNP(Single Nucleotide Polymorphism, 단일 염기 다형성)입니다. SNP는 두 사람의 DNA 서열 중 같은 부위를 비교했을 때, 단 1개의 염기 서열만 다른 것을 말합니다. 간단히 예를 들면, 다음 임의로 작성한 4명의 DNA 서열에서는 3개의 SNP를 찾을 수 있지요. 참고로 각각을 마커

(marker)▪라고 부릅니다.

사람1	········CCAGAT**A**TTC···AAAGTAC**GG**···A**C**TTTACGC·········
사람2	········CCAGAT**G**TTC···AAAGTAC**TG**···A**A**TTTACGC·········
사람3	········CCAGAT**A**TTC···AAAGTAC**GG**···A**A**TTTACGC·········
사람4	········CCAGAT**A**TTC···AAAGTAC**TG**···A**C**TTTACGC·········

                 ↑   ↑   ↑

SNP1   SNP2 SNP3

위 서열을 보면 알 수 있듯이 사람 1의 SNP1에서 나타나는 염기 A를 대체할 수 있는 염기는 이론상 G, T, C의 3개뿐입니다. DNA를 구성하는 염기 서열에는 A, G, T, C의 네 가지밖에 없기 때문이죠. 경우의 수가 네 가지밖에 없는데 수많은 사람 중 어떻게 정확히 신원을 구분할 수 있나요? 1개의 SNP가 갖는 식별력은 매우 약하지만, STR의 경우와 마찬가지로 수많은 SNP를 동시에 분석함으로써 개인이나 집단 사이의 차이점을 정확히 알아낼 수 있는 것이죠. 예를 들어 볼게요. 범행 현장에서 얻은 DNA 서열이 다음과 같았다고 가정해 봅시다.

▪ 어떤 것의 존재나 위치 등을 알려 주는 표시 또는 표지자를 생명 과학에서는 마커 또는 바이오마커(bio-marker)라고 합니다.

DNA 샘플	········CCAGATATTC···AAAGTACTG···ACTTTACGC········

↑   ↑   ↑

SNP1   SNP2   SNP3

위 DNA 샘플과 사람 1, 2, 3, 4의 SNP1이 'A'로 서로 같을 확률은 3/4입니다. 그러나 SNP2가 'T'로 같을 확률은 2/4죠. SNP3가 'C'로 같을 확률도 2/4입니다. 각각의 SNP만 보면, DNA 샘플이 사람 1, 2, 3, 4 중 하나와 일치할 확률이 각각 75퍼센트, 50퍼센트, 50퍼센트로 굉장히 높지만, 3개의 SNP를 동시에 비교한다면 그 확률은 3/4 × 2/4 × 2/4 = 12/64, 즉 18.75퍼센트로 확연히 감소합니다. 반대로 말하면, 여러 개의 DNA 중에서 일치하는 DNA를 찾아낼 확률이 높아진다는 뜻이죠. 그러므로 10개 이상의 SNP를 동시에 분석하면 동일 인물이거나 가족임을 알아낼 확률은 거의 확신에 가까울 것입니다.

특히 SNP는 손상된 DNA로도 일부 서열만 분석이 이루어지면 감식이 가능하기 때문에 유골 샘플 DNA 분석에 매우 유리한 장점이 있습니다. 또한 직계가 사망해도 형제 혹은 삼촌 관계로 넓혀 식별이 가능하므로 개인 식별이나 친자 확인은 물론 친척 관계 분석, 민족 간 차이 연구, 동식물의 품종 식별에도 유리하게 이용됩니다. 다만 SNP는 STR에 비해 비용이 많이 드는 단점이 있습니다.

이처럼 인간의 DNA 서열 중 아주 일부분이 가진 정보만으로도 우리는 많은 것을 알아낼 수 있습니다. 생물체의 DNA가 가진 잠재력은 아직도 무궁무진합니다.

농부가 씨앗을 매년 새로 사는 이유

유전 법칙

03

VOL. II, No.3

바이오NEWS

제주 감귤 농가에서 종자 전쟁 시작

2019년 1월, 본격 출하를 앞둔 감귤 판매에 비상이 걸렸다. 문제가 된 '미하야'와 '아수미'는 일본에서 개발한 감귤 신품종으로 당도가 높고 식감이 좋아 우리나라에서도 4~5년 전부터 재배가 시작되었다.

그러나 2018년 12월 일본에서 "해당 품종을 한국에 공식적으로 수출한 적이 없다."라고 주장하며 품종 보호를 신청하고, 판매 중단과 로열티를 요구했다. 품종 보호를 받게 되면 특허처럼 품종에 대한 독점권이 부여되고, 타인이 이를 이용할 경우 비용을 지불해야 하기 때문이다. 종자 회사로부터 종자를 구입한 농민들이 한순간에 종자를 훔쳐 심은 도둑으로 내몰린 셈이다. 정부는 임시로 수확물에 대한 보호 조치를 취했지만, 근본적인 해결을 위해 갈 길이 멀어 보인다.

'농부는 굶어 죽어도 씨앗을 베고 죽는다.'라는 말이 있습니다. 그만큼 농부들에게 종자는 소중하다는 뜻이겠지요. 그러나 언젠가부터 농부들은 가을에 종자를 갈무리하지 않기 시작했습니다. 그 대신 매년 봄이면 종자 회사에서 종자를 사지요. 종자 회사에서 판매하는 신품종 종자는 기존 재래종 종자보다 병충해에 강하고 빠르게 자라면서 수확량도 많습니다. 그러니 농민들이 선호하지요. 그런데 왜 그 신품종 종자를 매년 다시 사야 하는 것일까요? 올해 종자 회사에서 사서 심은 작물에서 씨앗을 거두어, 겨우내 보관했다가 내년 봄에 심으면 되는 것 아닐까요?

싹트지 않는 씨앗

우리나라에서는 1970년대부터 농부들이 종자 회사에서 씨앗을 사다 심기 시작했습니다. 그러자 특이한 일이 일어났지요. 씨앗을 심은 첫해에는 좋은 품질의 농산물을 수확했지만, 거기서 얻은 씨앗을 다음 해에 다시 심자 싹이 트지 않았어요. 어쩔 수 없이 농부들은 매년 새로 종자 회사에서 씨앗을 사서 심어야만 했습니다.

이러한 종자 변형 기술을 '터미네이터 기술'이라고 합니다. 터미네이터(terminator)란 '종결시키는 자'라는 뜻으로, 이 기술의 적용에 반대하는 사람들이 붙인 이름입니다. 터미네이터 기술은 미국 농무부와 델타앤파인랜드사(社)*가 개발한 유전자 조작 기술로, 이 기술을 적용한 종자는 처음 한 번은 싹을 틔우고 잘 성장하지만, 그로부터 수확된 2세대 종자에서는 싹이 나지 않습니다. 두 번째 발아할 때 종자를 파괴하는 단백질이 작용하기 때문입니다.

농가에서는 처음에는 종자를 사 농작물을 재배하더라도 이후부터는 수확한 작물에서 종자를 채취해 계속 재배하려고 하겠죠. 그러면 그 종자는 더 이상 팔리지 않을 테고, 종자 회사는 신품종 개발에 들어간 자금을 회수할 방법이 없어지기 때문에 일부러 이러한 기술을 개발했다는 주장이 우세합니다. 다시 말하면, 농민이 매년 종자를 사게 하려고 수확물이 싹을 틔우지 못하게끔 유전자를 조작했다는 것이죠. 또한 조작된 유전자가 자연에 유출되어 기존 생태계를 오염시킬 수 있다는 우려도 제기되었습니다. 사실 '터미네이터 기술'은 이러한 문제를 근본적으로 해결하기 위해 조작된 유전자가 생태계로 퍼지더라도 살아남을 수 없도록 개발된 기술입니다. 그러나 터미네이터 기술에 대한 비난이 사그라지지 않자 1999년 10월, 몬산토는 "식량 작물에 터미네이터 종자 기술을 더 이상 상용화하지 않을 것"이라고 공개적으로 선언하기에 이릅니다. 즉, 현재 판매되는 터미네이터 종자는 없다는 뜻이지요.

─

■ 이후 몬산토사(社)에 인수되었습니다.

잡종 1대와
2대의 차이

하지만 여전히 종자 회사에서 구매한 종자를 심고 수확하여 그 종자를 다시 심으면 수확이 이전만 못합니다. 이 때문에 종자를 매년 구매해야 해요. 이것은 터미네이터 종자 기술 때문이 아니라 구매한 종자가 잡종 1대에 해당하기 때문입니다. 완두를 예로 들어 잡종 종자의 특징을 간단히 설명해 볼게요.

어느 농부에게 두 가지 완두 종자가 있다고 가정해 봅시다. 하나는 키가 크고 주름진 모양의 완두(TTrr)이고, 또 하나는 키가 작고 둥근 모양의 완두(ttRR)입니다. 과학 시간에 배웠던 완두의 유전을 떠올려 보면, 농부가 이 두 가지 완두를 교배했을 때 자손은 모두 키가 크고 둥근 모양의 콩일 것으로 예상할 수 있습니다.

부모 세대	키가 크고 주름진 완두(TTrr) × 키가 작고 둥근 완두(ttRR)
부모 세대의 생식 세포■	Tr tR
잡종 1대	키가 크고 둥근 완두(TtRr)

■ 생식 세포를 만들 때 아버지나 어머니가 가진 유전자의 절반만이 각각 전달됩니다.

만일 이 농부가 키 크고 둥근 완두를 얻기를 원한다면, 부모 세대를 각각 길러서는 그런 완두를 얻을 수 없습니다. 그 대신 두 종류의 완두를 교배한 잡종 1대 종자를 심으면 원하는 '키가 크고 둥근 완두'를 100퍼센트 얻을 수 있습니다.

1930년대 이후 이러한 잡종 1대 종자의 특징과 우수성이 알려지면서 잡종 종자를 전문으로 생산하는 산업이 발전했고, 농민들이 종자 회사로부터 종자를 사는 오늘날의 체계가 확립되었습니다. 여기에는 종자 회사로부터 구매한 종자를 심으면 이전의 토종 종자보다 생산량이 많거나 상품성이 좋아 농민의 수입이 증가한다는 전제가 있지요.

다음 해, 또 새로 종자를 사서 심자니 비용이 아까워진 농부는 잡종 1대를 길러 얻은 씨앗을 다시 심어 잡종 2대를 얻을 계획을 세웁니다. 그런데 그로부터 태어나는 잡종 2대는 잡종 1대와는 전혀 다른 모습을 보이게 됩니다. 왜 그럴까요?

잡종 2대에서는 키가 크고 둥근 완두($T\_R\_$)[■], 키가 크고 주름진 완두(T_r), 키가 작고 둥근 완두($t\_R\_$), 키가 작고 주름진 완두($ttrr$)의 비율이 9:3:3:1로 나타납니다. 잡종 1대와 동일하게 키가 크고 둥근 완두($T\_R\_$)는 비율상 전체 완두의 9/16, 즉 56.25퍼센

■ 'T_R_'의 표기에서 '_'는 대문자(우성 유전자)든 소문자(열성 유전자)든 아무 것이나 들어갈 수 있음을 의미합니다.

잡종 1대	키가 크고 둥근 완두(TtRr)	×	키가 크고 둥근 완두(TtRr)

잡종 1대의 생식 세포	TR, Tr, tR, tr 중 한 가지	TR, Tr, tR, tr 중 한 가지

잡종 2대

	TR	Tr	tR	tr
TR	TTRR	TTRr	TtRR	TtRr
Tr	TTRr	TTrr	TtRr	Ttrr
tR	TtRR	TtRr	ttRR	ttRr
tr	TtRr	Ttrr	ttRr	ttrr

트에 불과하지요. 잡종 2대에서는 농민이 원하는 작물의 수확량이
절반으로 줄어드는 것이지요. 농민이 잡종 1대를 선호하여 재배
하기 시작하면서 어쩔 수 없이 맞닥뜨리게 된 유전적인 현상을 피
하는 방법은 매년 잡종 1대 종자를 새로 사는 것뿐이지요. 이것이
종자를 매년 팔아먹기 위해 종자 회사가 만들어 낸 수법이나 기술
때문이라고 오해한다면 종자 회사는 억울할 거예요.

씨앗이
무기가 된다면

과거에는 종자가 농부의 것이었다면 지금은 기업의 것입니다. 1998년 외환 위기 당시 서울종묘, 흥농종묘, 중앙종묘, 청원종묘 등 국내 1~4위 종자 회사들이 차례로 외국으로 팔려 나갔습니다. 그 결과 국내 종자 회사들의 종자들도 함께 해외 기업으로 넘어 갔고, 이제 우리 농민들은 해당 농작물을 재배하려면 외국 기업에 사용료를 내야 합니다. 이것이 기사에서 이야기한 '로열티'지요. 1,500억 원에 이르는 국내 채소 종자 시장의 절반 이상을 해외 다국적 기업이 장악했다고 합니다.

로열티는 종자를 구입할 때만 내는 것이 아닙니다. 예를 들어 미국 회사가 한국산 식물을 이용하여 만든 신약으로 수백억 원의 수입을 얻게 될 경우, 그 미국 회사는 우리나라에 상당한 사용료를 내야 합니다. 우수한 종자를 개발해 수출하면 외국으로부터 사용료 수입을 얻을 수 있습니다. 그뿐만 아니라 식품, 화장품, 의약품 등 응용 산업에도 보탬이 되지요. 이미 미국과 중국이 세계 종자 시장의 절반을 차지한 가운데 세계 각국은 종자 주권 확보에 여념이 없습니다.

이런 상황에서 2018년을 기준으로 우리 종자를 이용한 국내 재배량, 즉 종자 자급률은 양파 28.2퍼센트, 사과 19퍼센트, 감귤

2.3퍼센트에 불과합니다. 만일 농작물 생산에 필요한 종자의 대부분을 소유한 일부 국가가 일방적으로 수출을 규제한다면, 즉 종자를 무기처럼 활용한다면 우리나라는 어떤 상황을 맞게 될지 심각하게 고민하고 대비해야 할 때입니다.

짜장면에
물이 생기지
않게 하려면?
소화 효소

04

VOL. II. No.4   바이오NEWS

침으로 예술 작품을
닦는다고?

기발한 연구나 업적에 상을 주는 '이그 노벨상'의 28번째 시상식이 2018년 9월 13일 미국 하버드대학에서 열렸다. 이 중 화학상은 침의 세정 효과를 연구한 리스본대학 연구 팀에게 돌아갔다. 이들은 인간의 침을 비롯하여 자일렌, 석유 등 세정 효과가 있는 물질들로 유화와 금박 등을 세정하는 실험을 했다. 그 결과, 놀랍게도 침이 가장 손상을 적게 일으키면서 탁월한 세정 효과를 보인 것으로 나타났다. 연구 팀이 이 '엉뚱하면서도 참신한 연구'를 하게 된 이유는 포르투갈의 한 연구소에서 시작된 논란 때문이었다.

그 연구원들은 오염된 그림이나 오래된 도자기를 복원할 때 침을 사용해 왔다. 이것이 외부에 알려지자 연구원들은 문화재를 안전하고 깨끗하게 관리할 때 침이 적격이라 주장했지만, 일부에서는 침을 발라 귀중한 예술 작품들을 망친 것 아니냐며 불쾌함을 쏟아 냈다. 하지만 이번 리스본대학의 연구 결과 덕분에 논란은 종지부를 찍게 되었다.

인간은 수천 년 전부터 술을 만들었습니다. 과일을 발효해서 만들기도 하고 곡물로 만들기도 했지요. 북유럽의 바이킹족은 벌꿀을 입에 머금었다 뱉어 벌꿀 술을 만들었다고 합니다. 입에 넣었다 뱉은 것으로 술을 만들었다고? 네, 그렇습니다. 남아메리카의 잉카 제국에서는 옥수수를 씹었다 뱉어서 술을 만들었다고 하죠. 또한 한국, 일본, 중국에서도 곡물을 씹었다가 뱉어서 술을 만들었습니다.

인간이 쌀을 씹는 것으로 정말로 술이 만들어질까요? 이와 비슷한 현상이 오늘날 우리가 짜장면을 먹을 때도 일어납니다. 짜장면을 먹다 보면 그릇에 물이 생기는데 이는 고대의 술 제조법과 그 원리가 비슷합니다. 도대체 고대의 술 만들기와 짜장면 그릇의 물, 그리고 침으로 예술 작품을 세정하는 것은 과연 무슨 관계가 있는 것일까요?

침이
분해했다

침은 침샘에서 입안으로 분비되는 소화액으로, 일반적인 성인은 하루 1~1.5리터 정도가 분비된다고 합니다. 침은 음식물을 부드럽게 만들어 음식물을 삼킬 때 마찰을 줄여 주고, 혀의 표면을 세척해 계속 맛을 느끼도록 해 주지요. 또한 면역 물질을 포함하고 있어 음식이나 공기를 타고 입안으로 들어오는 세균과 감염 물질로부터 우리 몸을 방어하는 역할도 합니다.

뭐니 뭐니 해도 침의 가장 중요한 역할은 바로 소화 효소로 음식물을 분해하는 것이죠. 우리가 먹는 음식물 속의 탄수화물, 단백질, 지방 등의 영양소는 크기가 너무 커서 우리 몸에 제대로 흡수될 수 없습니다. 그러므로 음식물 사이의 결합을 끊어 작은 단위로 분해하는 작업이 필수적이죠. 침 속에는 아밀레이스와 라이페이스▪라는 소화 효소가 들어 있습니다. 아밀레이스는 탄수화물(녹말)이 최종적으로 여러 개의 포도당으로 분해되는 데 관여하고, 라이페이스는 지방을 지방산과 글리세롤로 쪼개어 우리 몸에서 영양소가 쉽게 흡수되도록 돕습니다. 오래된 미술품에 쌓인 먼지나 기름때는 그 주성분이 탄수화물과 지방이기 때문에 침 속의 소화 효소가 효과적으로 분해하여 포르투갈의 예술 작품을 안전하고 깨끗하게 만들었던 것입니다.

그렇다면 고대인들은 어떤 원리로 술을 만든 것일까요? 이 또한 예술 작품의 세정 원리와 똑같습니다. 입안에 곡물을 넣고 씹으면 침이 나오지요. 이때 침 속의 아밀레이스가 곡물 안에 들어 있는 탄수화물을 작은 단위로 분해합니다. 이를 도로 뱉어 낸 후에는 보

▪ 라이페이스는 입과 위에서도 분비되지만, 이자에서 가장 활발하게 분비되기 때문에 교과서에서는 라이페이스가 이자에서 분비된다고 '만' 배웁니다.

통의 술을 만드는 방법과 같습니다. 보통 곡식으로 만드는 술은 곡식의 주성분인 녹말을 누룩곰팡이로 분해시킨 후 효모를 넣고 발효시켜서 알코올을 만들어요. 옛 사람들은 이 과정에서 누룩곰팡이 대신 사람의 침을 사용해 곡식 속 녹말을 분해시키고 공기 중에 존재하는 자연 효모를 통해 발효시켜서 알코올로 만든 것입니다.

그렇다면 짜장면을 먹을 때 그릇에 물이 생기는 이유도 설명할 수 있겠지요? 바로 침 때문입니다. 짜장 소스는 춘장과 녹말을 섞어 걸쭉하게 만드는데, 짜장면을 먹다가 그릇으로 들어간 침 속의 아밀레이스가 녹말을 분해함으로써 소스의 점도를 떨어뜨려 물처럼 변하게 한 것이죠.

그런데 짜장면을 먹을 때 그릇에 물이 별로 생기지 않는 사람도 있던데 그건 왜 그럴까요? 이것은 생물에 숙명적으로 존재하는 '개인 차' 때문이라고 대답하는 것이 가장 정확합니다. 사람마다 침 속 소화 효소인 아밀레이스의 농도가 다르거든요.

사람마다 아밀레이스 유전자의 개수가 적게는 2개에서 많게는 15개까지 차이가 납니다. 아밀레이스 유전자가 많은 사람은 침 속에 아밀레이스가 더 많이 분비되지요. 또한 탄수화물이 주성분인 음식을 즐겨 먹는 사람일수록 아밀레이스 유전자가 많이 작동합니다. 그 결과, 사람에 따라 아밀레이스의 활성이 최고 몇백 배까지 차이가 납니다. 똑같은 짜장면을 먹더라도 아밀레이스의 활성이 큰 사람은 음식을 씹는 순간부터 녹말이 분해되어 점도가 상대적으로 빠르게 낮아지는 것입니다.

　참고로 주문 즉시 볶아 나오는 간짜장은 녹말을 넣지 않고 만들기 때문에 침이 닿아도 물이 생기지 않는다고 해요. 자신의 높은 아밀레이스 활성 때문에 짜장면 그릇에 물이 생기는 것이 신경 쓰였다면 간짜장을 주문하면 좋습니다.

스트레스에 반응하는 아밀레이스

　아밀레이스 이야기가 나온 김에 소화 말고 아밀레이스의 다른 기능에 대해서도 말해 볼까 합니다. 1996년, 스트레스를 받으면 침 속 아밀레이스가 즉각 반응하여 그 함량이 증가한다는 연구가 발표되었습니다. 그 후 아밀레이스는 스트레스를 측정하는 마커로 주목받기 시작했지요. 특히 주삿바늘로 뽑는 피보다 침은 채취하기가 무척 쉬워서 더욱 각광받고 있지요.

　2010년 8월 미국 국립 보건원과 영국 옥스퍼드대학 공동 연구 팀은 임신을 원하는 18~40세의 영국 여성 274명의 침에서 아밀레이스와 기타 스트레스 호르몬의 수치를 조사하여, 침 속 아밀레이스 수치가 높은 여성의 임신 가능성이 낮아진다는 연구 결과를 발표했습니다. 스트레스가 임신에도 영향을 줄 수 있다는 것이죠.

2019년 8월 우리나라 농촌 진흥청에서도 흥미로운 실험을 진행했습니다. 연구원들은 전주의 한 초등학교 3학년 학생 167명에게 4주 동안 호랑나비의 알이 애벌레에서 번데기를 거쳐 어른벌레로 자라는 모습을 관찰하고 돌보도록 했습니다. 그리고 아이들의 침 속 아밀레이스의 함량을 측정한 결과, 체험 전보다 아밀레이스의 함량이 낮아진 것을 확인할 수 있었습니다. 호랑나비를 활용한 심리 치유 프로그램이 어린이들의 행복감을 높이고 스트레스 완화에 도움을 준다는 사실을 확인한 것이지요. 그뿐만 아니라 침 속의 아밀레이스 수치를 측정하여 간호사의 직무 스트레스나 운전 중 스트레스가 미치는 영향을 조사하는 등 흥미로운 연구들이 진행되었습니다.

　　침에는 세균 감염을 막아 주는 면역 물질과 DNA 유전 정보를 비롯한 우리 몸의 많은 비밀이 담겨 있습니다. 침의 역할과 효능이 밝혀지는 것은 이제 시작일 뿐입니다.

오줌에서 왜 단맛이 날까?

인슐린

05

VOL. II, No.5   바이오NEWS

인슐린을 사용한 살인 사건 범인 밝혀져

아내를 살해하고 이를 은폐하려던 범인이 발각되어 살인죄 판결을 받았다. 2018년 12월, 남성 A는 자신의 집에서 아내 B에게 인슐린을 주사한 후 살해했다. 그런 다음 방을 어질러 놓아 침입자에게 당한 것처럼 꾸몄다.

안타까운 기사로 시작하게 되었습니다. 기사에는 범인이 피해자에게 '인슐린'을 주사했다고 나와 있습니다. 인슐린, 익숙한 단어죠? 당뇨병을 앓는 사람이 인슐린 주사를 맞는다는 이야기를 들어 보았을 것입니다. 그런데 당뇨병의 치료제로 알고 있는 그 인슐린이 살해 도구가 될 수 있다니 의아합니다. 어떻게 이런 일이 가능한 것일까요?

혈당을 조절하는 인슐린

인슐린은 이자(췌장)에서 합성되고 분비되는 호르몬입니다. 혈액 속의 포도당 농도, 즉 혈당량을 일정하게 유지하는 역할을 하지요. 우리가 밥을 먹으면 여러 소화 효소에 의해 탄수화물이 최종적으로 포도당으로 분해되어 우리 몸으로 흡수됩니다. 그 결과 혈관을 타고 흐르는 포도당의 양이 늘어나 혈당량이 높아지지요. 반대로 굶으면 혈당량은 떨어지지요. 혈액을 따라 우리 몸 곳곳에 전달된 포도당은 에너지원으로 쓰이는데, 이때 포도당을 혈관에서 세포 안으로 들여보내 주는 물질이 바로 인슐린입니다. 인슐린은 또한 혈액 속에 남는 포도당을 간과 지방에 저장하도록 하지요. 즉 인슐린은 우리 몸에서 혈당량을 낮추는 역할을 합니다.

그런데 인슐린이 너무 많이 분비되면 혈당이 과도하게 떨어집니다. 이런 저혈당 상태가 되면 혈관을 타고 뇌와 신경 기관에 공급되어야 하는 포도당이 부족해지고, 뇌 신경계는 에너지 부족을 느끼죠. 다행히 그 전에 인슐린과 반대로 혈당을 높여 주는 호르몬■들이 일을 시작하기 때문에 대체로는 큰 문제가 되지 않습니다.

반대로 이자가 손상되어 인슐린이 제대로 합성되고 분비되지 못하거나 분비되더라도 그 효과가 작을 경우, 혈액 속의 포도당이 제대로 사용되지 못하고 쌓이는 고혈당 상태가 되지요. 그러면 우리 몸은 너무 많은 포도당을 소변으로 배출하려고 합니다. 이때 수분도 함께 끌고 나가면서 소변량이 늘어나고 동시에 갈증은 심해집니다. 음식을 먹어도 그것이 에너지원으로 이용되지 못하고 소변으로 빠져나가기 때문에 공복감이 심해지면서 식욕은 증가하지요. 그러나 세포는 에너지를 공급받지 못해 오래 굶은 사람처럼 온몸에 힘이 없어집니다. 혈관에는 에너지원이 넘쳐나서 소변으로 배출하는 상황인데 세포들은 굶고 있다니 참 아이러니하지요? 세포를 우리 집에, 포도당을 물에, 인슐린을 펌프에 비유하자면, 비가 충분히 내려 지하수가 풍부한데도 지하수를 우리 집으로 끌어올릴 펌프가 없어서 목이 타들어 가는 것과 같습니다. 식구들은 목

■ 이런 호르몬에는 에피네프린과 글루카곤이 있으며, 인슐린과 함께 작용하여 우리 몸의 혈당량을 일정하게 유지합니다.

이 마른데 배관은 말라가고 물은 강으로 바다로 무심하게 흘러가는 것이죠.

단맛이 나는 소변

이렇듯 포도당을 함유한 오줌을 배설하는 병이 바로 '당뇨병(糖尿病)'입니다. 17세기 영국의 의사 토머스 윌리스는 환자의 소변에서 설탕처럼 단맛이 난다는 의미로 당뇨병(sugar diabetes)이라고 이름을 붙였습니다. 사실 일시적인 혈당량의 증가는 식사 후 모든 사람에게 일어나는 현상입니다. 그렇기 때문에 병원에서는 건강검진을 할 때면 평상시의 혈당량을 측정하기 위해 반드시 아침을 굶고 오라고 당부하지요. 하지만 식사 후 증가된 혈당량이 높게, 그리고 오래 지속되면 문제가 됩니다. 혈관에 포도당이 쌓이니 혈액이 걸쭉해지고, 그 결과 모세 혈관을 통한 혈액 순환이 어려워져서 합병증 확률이 증가하기 때문이지요.

가장 흔한 합병증은 신장 질환입니다. 모세 혈관을 통한 혈액 순환이 제대로 이루어지지 않으니 피를 걸러 오줌을 만들고 노폐물을 배설하는 신장이 제대로 기능을 할 수가 없습니다. 결국 몸속에 노폐물이 축적되고 몸이 붓지요. 그러면 병원에서 기계로 노폐물을 걸러 내는 투석을 할 수밖에 없습니다. 혈액 순환이 어려워지면 신경에도 손상을 주게 됩니다. 특히 발에 감각이 없어져 작은 상처도 알아채기 어렵게 됩니다. 혈액 순환이 잘 안 되니 발까지 산소나 영양분이 제대로 공급되지 않을뿐더러 면역 세포의 접근도 어려워져 상처가 커지고, 심하면 발을 절단하기에 이르지요. 그뿐만 아니라 망막과 수정체가 손상을 입어 시력을 잃을 수도 있습니다.

참고로 당뇨병은 이자에 문제가 생겨 인슐린이 제대로 분비되지 않는 '제1형 당뇨병'과, 인슐린은 제대로 분비되지만 다양한 이유로 기능을 하지 못하는 '제2형 당뇨병'으로 나뉩니다. 제1형 당뇨병은 주로 유·소아 및 청소년 환자가 많은데 혈당량 변화를 계속 확인하며 주사로 인슐린을 주입해야 합니다. 제1형 당뇨병은 선천적이고 그 원인이 아직 뚜렷하게 밝혀지지 않았습니다. 반면 당뇨병 환자의 대부분에 해당하는 제2형 당뇨병은 음식이나 운동 등의 생활 습관과 관련이 깊습니다. 칼로리가 높은 음식을 많이 자주 먹고, 운동량이 적고, 스트레스가 많은 경우 쉽게 발병합니다. 그러므로 식이 요법과 꾸준한 운동으로 혈당을 조절해야 하는데, 그래도 잘 나아지지 않을 경우 약을 먹게 되지요.

청자고둥과
인슐린 치료제

　이런 인슐린이 도대체 어떻게 범죄에 쓰인 것일까요? 그 원리를 바다에 사는 청자고둥에서 찾아보겠습니다.

　해저에 사는 청자고둥은 모래 밑에 몸을 숨긴 채 물에 독소를 풀어 주변의 물고기를 순간적으로 마비시킨 후 잡아먹습니다. 청자고둥이 물고기를 무력화하는 데 걸리는 시간은 불과 2~3초. 그야말로 눈 깜짝할 만큼 짧은 시간이지요. 이때 사용되는 독소는 한 방울로 성인 20명을 사망에 이르게 할 정도의 맹독이라고 합니다.

　2015년 미국의 연구 팀이 대보초 청자고둥(*conus geographus*)의 독을 분석한 결과, 인간의 것과는 다른 독특한 형태의 인슐린이 다량 존재한다는 것을 발견했습니다. 청자고둥의 인슐린이 물속으로 퍼지면 이내 주변 물고기의 아가미 사이로 들어가 혈관으로 흡수됩니다. 그 결과 물고기의 혈당이 급격히 떨어지면서 저혈당 쇼크를 일으켜 정신이 혼미해지고 동작이 느려져 결국 청자고둥에게 잡아먹히는 것이죠. 기사의 살인 사건에서도 바로 그렇게 인슐린을 다량 주사하여 사람을 혼수상태에 빠뜨린 것입니다.

　그런데 청자고둥이 사냥에 사용하는 인슐린은 사람의 인슐린과 그 구조가 조금 다릅니다. 불과 2~3초 만에 물고기를 무력화하는 비법이 있는 것이지요. 대보초 청자고둥의 인슐린은 불과 43개[■]의

대보초 청자고둥의 껍데기. 대보초 청자고둥은 모래사장이나 얕은 바다에서 볼 수 있는데, 절대 건드리면 안 된다.

아미노산으로 이루어져 현재까지 발견된 인슐린 중 가장 작은 것으로 밝혀졌습니다. 인슐린이 작으면 그 효과가 훨씬 빠르게 나타날 수 있습니다. 이는 오로지 사냥감의 혈당을 빨리 떨어뜨리기 위해 최소한의 구조를 갖도록 진화한 결과로 여겨집니다.

청자고둥 인슐린의 이러한 특징을 활용할 방법은 없을까요?

1980년대 이전에는 소나 돼지의 이자에서 인슐린을 추출해 당뇨병 치료에 이용했습니다. 이 방법으로는 8킬로그램의 이자에서

■ 사람의 인슐린은 51개의 아미노산으로 이루어져 있습니다.

고작 1그램의 인슐린만을 얻을 수 있었기 때문에 많은 당뇨병 환자들이 혜택을 받기 어려웠지요. 심지어 소나 돼지의 인슐린 구조가 인간의 인슐린과 동일하지 않아 부작용이 생기기도 했습니다.

그러다 1982년부터는 인간의 인슐린 유전자를 대장균의 DNA 안에 끼워 넣어 인공적으로 인슐린을 생산할 수 있게 되었습니다. 일반적인 대장균은 최적의 조건에서 20분에 한 번씩 분열합니다. 즉 20분마다 대장균의 수가 2배씩 늘어나는 것이지요. 인슐린의 대량 생산이 가능해진 것입니다.

사람의 몸속에 주입된 인슐린이 제 기능을 발휘하려면 다른 단백질의 도움을 받아 일부분이 잘려 나간 후 인슐린 수용체와 결합해야 합니다. 그런데 청자고둥의 인슐린은 별도의 도움 없이도 인간의 인슐린 수용체와 직접 만나 바로 기능을 발휘할 수 있었습니다. 호주의 연구 팀은 청자고둥 인슐린의 이러한 원리를 적용하여 기존의 인슐린 주사보다 4~6배까지 빠르게 혈당이 떨어지는 치료제를 만드는 것을 목표로 연구를 진행하고 있습니다.

인슐린은 많은 과학자들의 노력으로, 발견 이후 계속 진화하고 있습니다. 하지만 아직도 대부분의 인슐린이 주사 형태로만 투여할 수 있기 때문에 주사를 무서워하는 환자를 치료하는 것은 과학자들의 숙제로 남아 있습니다. 2014년 일부 환자에게 사용 가능한 흡입형 인슐린이 미국 식품의약국의 승인을 받았다고 하니, 먹으면서도 효과가 큰 인슐린이 개발될 날도 머지않아 보입니다.

06

VOL. II, No.6

바이오NEWS

쇠 물고기로
빈혈 치료 효과 보여

2015년 5월, 영국 방송 BBC는 철분 부족형 빈혈을 치료하기 위해 '쇠 물고기'를 넣어 요리하는 캄보디아인들의 모습을 보도했다. 캄보디아에서는 여성과 영유아의 절반가량이 빈혈로 고통받지만 비싼 철분 보충제를 구입할 수 있는 사람은 소수에 불과한 실정이다. 이에 캐나다의 크리스토퍼 찰스 박사는 물고기 모양의 쇠를 만들어 배포하는 사업을 벌였다. 물고기는 캄보디아에서 행운을 상징한다. 쇠 물고기는 약 5달러로 최대 5년간 사용 가능하다. 캄보디아 사람들은 이 쇠 물고기를 음식에 넣어 끓여 먹었고, 실제로 1년 후 절반 이상의 사람들이 빈혈 증세를 보이지 않았다. 이후 개빈 암스트롱은 '럭키아이언피시(Lucky Iron Fish)'라는 사회적 기업을 설립하여 캄보디아에서 1만 5,000개 이상의 쇠 물고기를 판매했고 9만여 명의 철분 결핍 문제를 해결했다.

빈혈(貧血)은 한자로 가난할 빈(貧) 자에 피 혈(血) 자를 씁니다. 피가 가난하다니, 뭐가 부족하다는 뜻일까요? 빈혈은 혈액 중에 적혈구의 수나 헤모글로빈의 농도가 기준 이하로 감소하여 우리 몸에 산소를 충분히 공급하지 못할 때 나타납니다. 보통은 기사의 캄보디아 사람들처럼 철분이 부족할 때 발생하며 두통, 현기증 등을 유발하지요. 철분 부족형 빈혈이 가장 흔하지만, 그밖에도 빈혈의 원인은 다양합니다. 골수에 이상이 생겨 적혈구를 잘 만들어 내지 못할 때, 엽산이나 비타민 B_{12}가 부족해서 적혈구가 제대로 성장하지 못할 때, 감염에 의해 체내 철분을 충분히 이용하지 못할 때, 알코올 섭취나 간 손상으로 인해 적혈구가 파괴될 때 등 여러 이유로 혈액 내 산소 전달 시스템이 망가진 것이 바로 빈혈입니다.

적혈구의 정체

우리의 혈액은 크게 네 가지로 구성됩니다. 산소를 운반하는 적혈구, 면역을 담당하는 백혈구, 혈액 응고와 지혈을 담당하는 혈소판, 그리고 이들 모두를 운반하는 액체 성분인 혈장이 바로 그것이지요. 이 중에서 이번 주인공은 바로 적혈구입니다.

'적혈구가 무엇인가?'라고 물으면 대부분의 사람은 '산소를 운반하는 세포', 혹은 이름 그대로 '붉은색의 세포'라고 대답할 것입니다. 모두 맞는 대답이지요. 적혈구는 가운데가 움푹 들어간 원반 모양의 붉은색 세포로, 인체 내 혈액의 양을 5리터라고 가정할 때 약 25조 개[■]가 들어 있습니다. 이 적혈구 안에는 헤모글로빈이라는 혈색소 단백질이 약 300만 개씩 들어 있는데, 이때 1개의 헤모글로빈은 4개의 헴(heme) 분자와 4개의 글로빈(globin) 사슬이 결합하여 만들어집니다. 또한 각각의 헴은 철과 결합할 수 있으며, 헴에 결합한 철에는 다시 1분자의 산소(O_2)가 결합하게 됩니다. 즉, 헤모글로빈 1개는 최대 4분자의 산소와 결합할 수 있지요.

복잡한가요? 그렇다면 꼭 같지는 않지만, 네잎클로버가 가득한 꽃밭을 떠올려 볼게요. 1개의 동그란 꽃밭 안에 300만 개의 네잎클로버가 있습니다. 각각의 클로버는 4장의 잎으로 구성되고, 다시 각각의 잎 위에는 물방울이 1개씩 맺혀 있습니다. 이때 꽃밭이 적혈구, 네잎클로버가 헤모글로빈, 4장의 잎이 헴, 물방울이 철에 해당합니다. 그리고 이 물방울 위에 아주 작은 곤충이 앉는다면, 그것을 산소라고 볼 수 있겠죠.

그렇다면 적혈구는 왜 붉은색일까요? 우리가 숨을 쉴 때 코로 들어온 산소는 폐 주변의 혈관에서 적혈구 속의 철과 결합합니다. 철이 산소와 결합하면 붉은색을 띠게 되지요. 철이 산소와 결합한

■ 적혈구는 수명이 약 120일로 1초에 파괴되는 적혈구만 약 300만 개에 이릅니다.

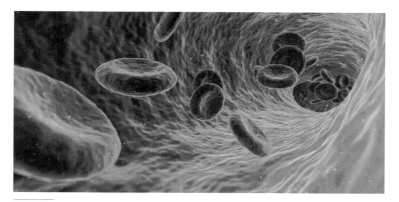

혈관 속 적혈구의 모습을 표현한 이미지. 우리 몸 구석구석에 산소를 운반한다.

다고 하니 어려운 말 같지만, 이는 우리 주변에서 흔히 볼 수 있는 현상입니다. 철이 녹슬어서 불그스름하게 변하는 것이 바로 철이 산소와 결합하는 현상이지요. 우리 몸 안에서도 마찬가지입니다. 물론 녹슨 철은 다시 원상태로 돌아올 수 없지만, 우리 몸속 적혈구 내의 철은 산소와 쉽게 결합하면서도 세포에 도착하면 다시 산소를 쉽게 내놓을 수 있다는 차이점이 있지요.

적혈구가 나르는 승객들

적혈구 1개는 대략 1,200만 개의 산소를 운반합니다. 엄청나죠?

물론 산소는 물에 녹기 때문에 적혈구 대신 혈장에 녹아서 운반될 수도 있습니다. 그러나 산소가 적혈구의 헤모글로빈과 결합하면 혈장 속에 그냥 녹는 것보다 60배가량 더 많이 운반됩니다. 우리 몸의 세포들은 영양소를 분해하여 에너지를 만들어 내는 과정에서 끊임없이 산소가 필요하기 때문에 적혈구는 생명 유지를 위한 필수 세포지요.

그런데 안타깝게도 적혈구의 철은 산소보다 일산화탄소(CO)와 결합하는 것을 더 좋아합니다. 심지어 250배나 말이죠. 일산화탄소는 탄소가 포함된 물질이 불완전 연소될 때 발생하는 가스로, 맛이나 색깔, 냄새가 전혀 없습니다. 그래서 과거 연탄가스 중독의 원인으로 잘 알려진 물질이지요. 최근에는 보일러의 가스가 누출되거나 텐트 안에서 난방기나 숯을 피우다가, 자동차 안에서 히터를 켜 둔 채 잠을 자다가 일산화탄소에 중독되는 사건이 가끔 발생하고 있지요. 일산화탄소가 적혈구와 단단히 결합하면 적혈구는 산소와 결합할 수가 없습니다. 결국 적혈구는 우리 몸 곳곳의 세포에 산소를 운반할 수 없어서 사람은 두통이나 어지럼증을 호소하다가 심하면 의식을 잃고 사망까지 이르게 됩니다.

적혈구가 산소를 운반하기 위해서는 철이 필수적입니다. 철이 부족하면 철에 결합하는 산소 또한 부족할 수밖에 없죠. 따라서 철분 섭취가 부족한 캄보디아 사람들의 적혈구는 산소와 제대로 결합할 수 없었을 것입니다. 결국 몸 곳곳에 산소가 원활히 전달되지

럭키아이언피시에서 빈혈 퇴치를 위해 캄보디아 사람들에게 저렴하게 판매하는
쇠 물고기.

못하여 빈혈을 겪지요. 그래서 캄보디아인들에게는 기사와 같이
쇠 물고기를 음식과 함께 끓여서 철을 섭취하는 방법이 제안된 것
입니다.

과거 우리나라에도 같은 원리를 이용한 사례가 있지요. 바로 무
쇠로 만든 가마솥입니다. 가마솥에 밥을 하면 무쇠에서 나온 철분
이 밥에 스며들어 철분 함량을 높이기 때문에 빈혈을 예방할 수
있었습니다. 그러나 1970년대 후반 양은이나 스테인리스 등으로
만든 냄비와 솥이 등장하면서 무겁고 투박한 무쇠 가마솥은 점차
사라졌습니다. 그렇다면 우리도 건강을 위해 쇳덩어리를 넣고 요

리를 해야 할까요? 우리는 붉은 고기 등 철분이 풍부한 음식을 충분히 먹을 수 있으므로 굳이 쇠 물고기를 끓여 먹을 필요는 없습니다.

무거운 피, 가벼운 피

그렇다면 우리 몸에 철분이 충분한지는 어떻게 알 수 있을까요? 검사를 해 볼 수 있습니다. 헌혈을 해 본 사람이라면, 헌혈 전에 피를 조금 뽑아서 파란색의 황산구리 수용액이 담긴 시험관에 떨어뜨리는 검사를 받아 본 경험이 있을 것입니다. 헌혈하기에 적합한 혈액인지 아닌지를 판단하기 위해서 적혈구 내의 헤모글로빈 농도를 측정하는 것이죠.

이때 헤모글로빈의 농도는 '혈액 비중'이라는 특성을 이용하여 측정합니다. 혈액 비중이란 일정량의 물의 무게를 1이라 할 때, 같은 양의 혈액의 무게를 말합니다. 혈액 비중은 혈액 속의 적혈구 개수나 헤모글로빈의 양에 따라 달라집니다. 헌혈이 가능한 농도로 비중을 맞춘 황산구리 수용액에 혈액을 떨어뜨렸을 때, 황산구리 수용액보다 혈액의 비중이 낮으면 혈액이 떠오르고 반대로 높으면 가라앉게 되겠죠. 철분이 부족한 혈액은 헤모글로빈의 농도가 낮아 상대적으로 가벼워서 뜨고, 철분이 충분한 혈액은 상대적으로 무거워서 가라앉는 것입니다. 그러므로 황산구리 용액에 떨어뜨린 혈액이 바닥으로 가라앉아야 헌혈에 적합한 것으로 판정받게 됩니다. 일반적으로는 월경으로 인해 주기적으로 철분 손실이 발생하는 여성이 남성보다 평균적으로 혈액 비중이 낮아 헌혈 부적격 판정을 받는 경우가 많다고 하네요.

무심히 우리 혈관 속을 흐르는 줄로만 알았던 혈액 속에도 숨겨진 구조와 기능들이 있다는 사실이 새삼 놀랍지 않나요? 눈을 감고 가슴속 깊이 숨을 들이쉬면서 지금도 우리 몸 곳곳으로 열심히 산소를 운반하는 적혈구의 움직임을 따라가 보는 건 어떨까요?

인간도 광합성을 할 수 있을까?

광합성

07

VOL, II, No.7 　　　　바이오NEWS

인공 나뭇잎으로 화학 물질 합성 성공

태양빛으로 인공 광합성을 하는 3D 플라스틱 나뭇잎이 세계 최초로 개발됐다. 2018년 6월 한국 화학 연구원은 백진욱 박사 연구 팀이 이산화탄소로 포름산을 생산하는 원천 기술을 확보했다고 밝혔다. 인공 광합성은 말 그대로 광합성을 인위적으로 모방한 기술이다. 자연에서의 광합성이 포도당을 생산한다면, 인공 광합성은 태양광을 활용해 특정 화학 물질을 만들어 내는 기술로 세계적으로 개발 초기 단계에 있다.

21세기 연금술의
등장

석유나 천연가스 등 화석 연료가 바닥을 드러내는 것은 이제 시간 문제라고 하지요. 고갈되는 화석 연료의 대안으로 주목받아 온 것은 바로 태양 에너지입니다. 1시간 동안 지구에 쏟아지는 태양 에너지는 인류가 1년간 소비하는 에너지 총량과 맞먹을 정도라고 해요.

이 태양 에너지를 가장 잘 이용하는 것이 식물입니다. 식물이 태양의 빛 에너지를 이용하여 생물의 에너지원인 포도당을 만들어 내는 것을 광합성이라고 하지요. 자연에서의 광합성을 간단히 화학식으로 표현하면, 6분자의 이산화탄소와 6분자의 물로 1분자의 포도당과 6분자의 산소를 만들어 내는 과정입니다. 이때 태양의 빛 에너지는 이 반응이 일어나게 하는 원동력이지요. 마치 다양한 재료를 섞어서 빵을 만들 때 오븐의 열에너지가 필요한 것처럼 말이죠.

자연에서의 광합성

$$6CO_2(\text{이산화탄소}) + 6H_2O(\text{물}) \rightarrow C_6H_{12}O_6(\text{포도당}) + 6O_2(\text{산소})$$
$$\uparrow$$
태양의 빛 에너지

그러므로 식물은 오로지 빛과 이산화탄소, 물만 있으면 스스로

양분을 합성할 수 있기 때문에 '평생' 독립적으로 살 수 있습니다. 하지만 보통의 동물은 그럴 수 없기 때문에 식물을 섭취해서 에너지원을 얻죠.

인공 광합성

$$2CO_2(\text{이산화탄소}) + 2H_2O(\text{물}) \rightarrow 2HCOOH(\text{포름산}) + O_2(\text{산소})$$
$$\uparrow$$
태양의 빛 에너지

인간이 막대한 양의 태양 에너지를 이용하기 위해 식물의 자연 광합성에서 착안한 것이 '인공 광합성'입니다. 인공 광합성은 포도당 대신 포름산■, 메탄올 등 여러 화합물을 선택적으로 만들어냅니다. 화석 연료에 의존하지 않아 온실가스도 배출하지 않지요. 기존에는 포름산을 만들 때 메탄올을 주원료로 사용해 그 과정에서 이산화탄소가 배출됐지만, 인공 광합성을 통해 포름산을 만들면 오히려 이산화탄소가 줄어듭니다. 에너지도 생산하고 지구 온난화의 주범인 이산화탄소도 줄이니 일석이조지요. 인공 광합성 기술의 최종 목표는 햇빛, 물, 이산화탄소만을 이용해 휘발유를 합성하는 것입니다. 이 목표가 실현되면 이산화탄소로 달리는 자동

■ 개미에서 분리한 산성 물질로, 개미라는 뜻의 라틴어 포르미카(formica)에서 그 이름이 유래했습니다. 가축 사료의 방부제, 염색, 가죽 제품의 무두질, 고무 제조 시 응고제 등으로 쓰입니다.

차가 더 이상 꿈이 아닌 현실이 될 것입니다. 물론 아직은 생산 비용이 더 들어가는 단계지만요.

광합성을 하는 동물이 있다?

자연 광합성은 정확히는 식물의 잎과 줄기를 구성하는 세포 속의 '엽록체'라는 기관에서 일어납니다. 현미경으로 식물의 잎을 관찰할 때 보이는 수많은 녹색 알갱이가 바로 엽록체입니다. 동물에게서는 찾아볼 수 없는 세포 내 기관이지요. 이 엽록체 안의 녹색을 띠는 색소가 바로 엽록소입니다. 광합성에 이용되는 빛은 엽록체 안의 엽록소만이 흡수할 수 있습니다. 엽록소가 태양 빛을 흡수하면 빛 에너지를 원동력으로 엽록체 안에서 양분을 합성합니다.

그렇다면 체내에 엽록체를 이식하면 식물이 아니어도 자연 광합성이 가능하지 않을까요? 실제로 엽록체 시스템을 흉내 낸 인공 광합성에서는 광촉매 또는 반도체성 광전극이 빛 에너지를 흡수해 화학 물질을 합성하지요.

동물은 어떨까요? 가장 손쉬운 방법은 엽록체를 가진 광합성 생물과 공생하는 것입니다. 그 대표적인 예로 조류(식물성 플랑크

톤)와 함께 사는 산호가 있지요. 산호는 소화 기관을 가진 '동물'이지만 땅에 박혀 옴짝달싹하지 못합니다. 그렇기 때문에 영양분의 대부분은 광합성을 하는 공생 조류인 주산텔라에게서 얻고, 모자란 부분은 촉수로 작은 플랑크톤을 잡아먹어 해결합니다. 물론 2018년에 과학자들이 지중해의 산호 군집이 서로 협력해서 자신보다 훨씬 큰 해파리를 잡아먹는 장면을 포착하기도 했지만, 일반적인 상황은 아니지요. 대체로 산호는 조류에게 보금자리와 광합성 재료를 제공하고, 조류는 광합성을 통해 만든 산소와 영양분을 산호에 제공하며 함께 살아가지요.

그러나 산호가 지구 온난화로 수온이 상승하는 등의 스트레스에 노출되면 색이 흐릿해지며 돌처럼 변합니다. 이러한 백화 현상은 산호와 공생하던 조류가 떨어져 나가면서 산호가 하얗게 되는 것으로, 지속되면 산호의 죽음으로 이어질 수 있지요. 다시 말해, 아름다운 색을 띤 산호는 건강하며 공생 조류로 가득 차 있다는 것을 의미합니다.

황금해파리(*Mastigias papua*)도 산호와 같은 전략을 취합니다. 황금해파리의 몸속에도 산호와 마찬가지로 황록색을 띠는 조류, 주산텔라가 공생하고 있지요. 다른 해파리와 마찬가지로 황금해파리 역시 플랑크톤을 잡아먹지만, 체내 공생 조류가 광합성을 통해 공급하는 양분에도 크게 의존합니다. 물론 조류도 황금해파리에게 무료로 봉사하는 것은 아니겠지요. 황금해파리는 조류로부

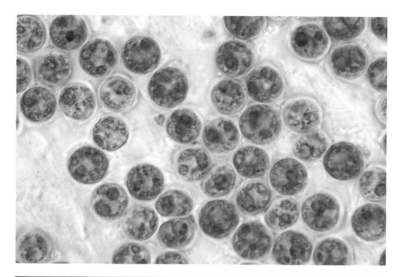

(위) 현미경으로 관찰한 주산텔라. 다른 생물과 공생하며 광합성을 통해 얻은 영양분을 나누
    어 갖는다.
(아래) 황금해파리. 공생 조류가 광합성을 잘 할 수 있도록 햇빛을 따라다니며 움직인다.

터 부족한 영양분을 얻고, 조류는 해파리 덕분에 태양 빛이 많은 곳으로 쉽게 이동할 수 있답니다.

진화를
거듭하다 보면

광합성 생물과 공생하지 않고도 스스로 광합성을 하는 동물도 있습니다. 바다에 사는 푸른민달팽이(*Elysia chlorotica*)가 그 주인 공이지요. 나뭇잎처럼 생긴 푸른민달팽이는 본래 투명한 피부로 태어나지만 자라면서 초록색이 됩니다. 먹이로 섭취한 조류로부터 엽록체를 빼앗고, 이를 소화시키는 대신 자신의 세포 안으로 이동시켜 광합성에 사용하기 때문입니다. 푸른민달팽이는 동물이지만, 스스로 광합성을 할 수 있는 데다 해조류라고 불러도 무방할 정도로 식물의 특징을 많이 갖고 있습니다. 푸른민달팽이는 살아가는 데 필요한 일부 에너지는 광합성으로, 나머지는 자신이 먹은 조류를 소화하여 얻습니다. 실제로 하루 12시간 정도만 햇볕을 쬐면 식물처럼 별도의 먹이 없이도 생존할 수 있다고 합니다.

에스에프(SF) 영화 같지요? 단순하게 비유하자면, 주인공이 외계 생명체를 잡아먹었는데, 단순히 배고픔을 해결하는 수준이 아니라 원래 없던 외계 생명체의 능력까지 추가로 얻게 되는 상황

푸른민달팽이. 마치 나뭇잎이 물속을 헤엄치는 듯하다.

입니다.

   미국 남플로리다대학의 시드니 피어스 교수는 학술지 『생물학회보』에서 "푸른민달팽이가 조류의 유전자를 받을 뿐만 아니라, 받은 유전자를 자손에게 일부 물려주는 것으로 확인됐다. 진화를 거듭하다 보면 먼 미래에는 스스로 엽록체를 생산해 광합성을 하는 동물이 탄생할지도 모를 일"이라고 말하기도 했지요.

인간도
광합성을?

과거에는 식물마다 광합성이 어떻게 일어나는지 밝혀내는 것이 주된 관심사였다면, 이제 과학자들은 광합성이 가능한 동물을 만들어 식량 문제를 해결하려는 꿈을 꾸기 시작했습니다. 나아가 우리 인간에게도 엽록체를 주입하여 광합성을 가능하게 한다면, 미래 인류는 일광욕을 몇 시간 하고 물과 필수 영양소만 섭취해도 충분히 생존할 수 있지 않을까 하는 상상도 등장하고 있지요.

이와 관련하여 서울대학교의 이일하 교수는 한 언론사의 인터뷰에서 "엽록체가 체내에 이식된 후 계속 재생산되고 기능을 유지하려면 유전자가 약 3,000개 필요하다. 인간을 비롯한 동물에게는 이 유전자가 없기 때문에 엽록체를 이식해 스스로 광합성을 하려면 체내에서 식물 유전자까지 만들어 낼 수 있어야 한다. 또 태양빛을 몸속으로까지 받아들이기 위해서는 피부가 투명해져야 하는데 사실상 불가능하다."라고 말하기도 했습니다.

이 모든 장벽을 뛰어넘어 우리 인간이 광합성을 하게 되더라도 식사는 여전히 필요할 겁니다. 광합성의 효율이 4~6퍼센트에 불과하기 때문에 온종일 햇빛 아래 벌거벗고 서 있어도 밥 한 공기에 해당하는 약 240킬로칼로리의 에너지가 합성될 뿐이기 때문이죠. 만약 아무것도 먹지 않고 광합성에만 의존한다면 손실되는 열에너지를 감당하지 못해서, 굶어 죽기 전에 오히려 저체온증으로 죽을 수도 있을 것입니다.

동물의 광합성에 대한 연구는 이제 시작입니다. 발전한 생명 공학 기술에 과학자들의 상상력이 더해져 식물뿐만 아니라 동물도 자연스레 광합성을 하게 된다면 어떤 세상이 펼쳐질까요?

08

물고기는 어떻게 짠물에서 살아남을까?

삼투압

VOL, II, No,8   바이오NEWS

바다에서 표류하던 인도 남성, 28일 만에 생환

인도의 한 사십 대 남성이 바다에서 표류하다 기적적으로 살아 돌아왔다. 안다만 니코바르 제도에 사는 그는 2019년 9월 동료와 함께 바다에 떠 있는 다른 배에 식료품과 식수를 팔기 위해 바다로 나갔다가 두 차례 폭풍을 만나 바다를 떠돌게 됐다.

그는 표류한 지 며칠 만에 식료품과 식수가 떨어졌고, 쇠약해진 동료는 죽었다고 말했다. 수건에 적신 빗물로 연명하다 그마저 없을 때는 바닷물을 마셔야 했다고 덧붙였다. 홀로 남은 그는 출항한 지 28일 만에 심하게 파손된 배에 실려 인도 동부 해안에서 구조되었다.

물은 소중해

우리 몸의 70퍼센트는 물로 구성됩니다. 물이 중요한 이유지요. 오죽하면 교과 과정을 막론하고 대부분의 과학 교과서가 물에 대한 설명으로 시작할까요. 우리 몸에서 물은 혈액을 구성하며, 산소와 각종 영양소를 혈관을 통해 각 세포로 운반하는 역할을 합니다. 또한 세포의 형태를 유지하고, 여러 호르몬과 소화액을 만드는 재료가 되며, 소변으로 노폐물을 배출하기도 하지요. 그래서 사람은 체내 지방이나 단백질은 절반을 잃어도 살 수 있지만, 물은 단 10퍼센트만 잃어도 위험한 상태에 처합니다. 나아가 20퍼센트 이상을 잃으면 목숨을 잃게 됩니다.

그래서 우리 몸은 물이 부족하면 갈증을 느껴 수분을 보충하도록 요구합니다. '생존 333법칙'이라는 것이 있지요. 의학적으로 보통의 인간은 음식을 먹지 않고 3주를 버틸 수 있지만, 물을 먹지 못하면 3일을 버티기 어렵습니다. 물론 숨을 쉬지 못하면 3분을 넘기기 어렵지요. 기사에 등장하는 인도 남성도 표류 기간 동안 식수를 얻기 위해 고군분투했어요. 바닷물을 마시는 시기를 최대한 늦추기 위해 수건에 적신 빗물을 마시며 버텼다고 하지요. 왜 처음부터 바닷물을 마시지 않은 것일까요?

바닷물에는 흔히 소금이라고 부르는 염화나트륨($NaCl$)을 비롯해 여러 염류가 포함되어 있습니다. 전 세계 바닷물의 평균 염도는 3.5퍼센트입니다. 일반적으로 우리나라 사람이 '간이 잘 맞네.'라고 느끼는 염도는 0.7퍼센트라고 합니다. 바닷물은 우리가 맛있다고 느끼는 소금물보다 5배나 짜죠. 바닷가에서 놀다가 입에 바닷물이 들어갔을 때 생각보다 엄청 짜서 깜짝 놀란 적이 있지 않나요? 바닷물은 거의 쓴맛이 느껴질 정도로 염도가 높습니다.

바닷물을 마시면

우리가 바닷물을 마시면 안 되는 이유는 '삼투 현상' 때문입니다. 김장을 하려고 소금을 뿌려 놓은 배추에서 수분이 나와 배추가 쪼그라들어 있는 것을 본 적이 있을 것입니다. 반대로 쪼글쪼글한 건포도를 물에 담가 놓으면 수분이 들어가서 건포도가 처음보다 부풀어 오르지요. 이렇게 물질의 농도가 낮은 쪽에서 높은 쪽으로 물(용매)이 이동하는 현상을 '삼투 현상'이라고 합니다. 그리고 이러한 삼투 현상을 불러일으키는 힘, 즉 압력을 '삼투압'이라고 부릅니다.

바닷물을 마시면 우리 몸 안에서 바로 이 삼투 현상이 일어납니다. 마치 김장 배추처럼 말이죠. 인간의 체액은 우리가 섭취한 나트륨, 칼륨 등으로 염도가 약 0.9퍼센트로 일정하게 유지됩니다. 그런데 바닷물의 평균 염도는 3.5퍼센트이지요. 그런 바닷물을 마시면 어떤 일이 벌어질까요? 혈액의 나트륨 농도가 평소보다 높아집니다. 우리 몸 곳곳의 세포에는 혈관이 닿아 있습니다. 그런데 혈관 주변에 있는 세포보다 혈액의 나트륨 농도가 상대적으로 높아지면 세포는 혈관 쪽으로 수분을 빼앗기고 수분이 부족해집니다. 이 위기를 극복하기 위해 우리 몸은 갈증을 느끼지요. 그런데도 물을 마시지 않으면 심한 경우 탈수 현상이 일어납니다. 그러면 소변량이 줄어들고, 피부는 물론 눈, 혀, 소화 기관의 점막이 건조해져서 각 기관들이 정상적인 기능을 하지 못하지요. 탈수가 더욱 심해지면 의식이 희미해지고 혈압이 떨어지며 혼수상태에 이르게 됩니다. 그러므로 바닷물은 절대 마시면 안 됩니다.

반대의 경우는 어떨까요? 갈증을 해소하기 위해 맹물을 아주 많이 마시는 것은 괜찮을까요? 짧은 시간에 물을 너무 많이 마시면 혈액의 나트륨 농도가 평소보다 낮아집니다. 그러면 혈관 주변에 있는 세포의 나트륨 농도가 상대적으로 높아지면서 혈관 속 수분이 세포 안으로 계속 들어가겠지요. 세포들은 밀려들어 오는 물의 압력을 견디지 못하고 붓거나 심할 경우 터질 위험에 처합니다. 이를 막기 위해 우리 몸은 많은 양의 묽은 소변을 배출하지요. 이 과정에서 우리 몸의 생리 기능을 조절하는 나트륨, 칼륨 등의 무기 염류 또한 과다 배출되면서 두통, 현기증, 구토, 근육 경련 등의 증상이 생기고 심하면 혼수상태에 빠지거나 사망할 수 있지요.

민물고기와 바닷물고기의
생존 전략

그런데 이러한 삼투 현상을 매 순간 견디며 사는 생물들이 있습니다. 바로 물속에 사는 물고기들이죠. 이들에게 삼투압은 자신들의 생존과 직결된 일상적인 환경 스트레스인 셈입니다. 보통의 물고기(경골어류)는 체액의 농도가 약 1.5퍼센트 정도로, 민물보다는 높고 바닷물보다는 낮습니다. 민물고기는 몸속으로 물이 계속 들어오고 바닷물고기는 몸속의 물을 외부로 계속해서 빼앗기지요. 이 때문에 물고기는 몸 안팎의 삼투 현상을 조절하는 것이 생존의 관건인데 그 조절 방법이 바로 배설입니다.

민물고기는 주변의 물보다 체액의 농도가 높기 때문에 피부를 통해서나 먹이를 먹는 과정에서 몸 안으로 끊임없이 물이 들어옵니다. 앞서 물에 담가 놓았던 건포도가 부풀어 오르는 것과 같은 원리지요. 따라서 민물고기는 될 수 있으면 물을 마시지 않고 묽은 소변을 많이 배설해, 염분을 빼앗기지 않고 체액의 농도를 일정하게 유지합니다.

반대로 바닷물고기는 체액보다 주변의 농도가 높으므로 아가미와 피부를 통해 지속해서 수분을 빼앗기고, 먹이와 아가미를 통해 염분이 계속 들어옵니다. 그렇다고 바닷물고기가 민물을 마실 수는 없습니다. 물을 마시려면 어쩔 수 없이 바닷물을 마셔야만 하지요. 그래서 바닷물고기는 물을 필요한 만큼 마신 뒤 염분만 골라 아가미의 특정 세포를 통해 몸 밖으로 내보냅니다. 그리고 농도가 짙은 소변을 조금만 배설함으로써 체내의 수분을 최대한 보존하지요.

이처럼 민물고기와 바닷물고기는 서로 정반대의 전략을 취하며 살기 때문에 바닷물고기를 민물에 넣으면 물이 몸속으로 끊임없이 들어와 결국은 죽게 됩니다. 반대의 경우도 마찬가지입니다. 민물고기를 바다에 풀어놓으면 몸속 수분이 밖으로 빠져나와 곧바로 죽지요.

민물도 바닷물도 오케이

재미있게도 상어나 홍어, 가오리 같은 연골어류는 경골어류에 속하는 일반적인 바닷물고기와는 다른 전략을 취합니다. 이들 물고기는 피부 표면에 방패 비늘이 있어 피부로 바닷물이 들어오는 것을 막아 줍니다. 또한 이들은 다른 생물들이 소변에 섞어 배출하는 노폐물인 요소라는 물질을 다시 흡수하여 몸속에 쌓아 둡니다. 이렇게 하면 체액의 농도가 바닷물의 농도와 비슷해지지요. 삼투 현상이 일어나는 원인을 아예 제거해 버리는 것입니다. 따라서 수분이 몸 안팎으로 이동하는 현상 역시 일어나지 않겠지요.

삭힌 홍어나 가오리를 먹을 때 코를 찌르는 냄새를 맡은 경험이 있나요? 바로 암모니아 냄새입니다. 이들이 바닷물에서 생존하기 위해 몸속에 축적해 놓았던 요소는, 잡힌 뒤 숙성되는 과정에서 암모니아로 바뀝니다. 다만 암모니아 냄새를 특징적으로 살리는 삭힌 홍어 요리와 달리 가오리는 홍어만큼 강한 향이 나오지 않아 삭히지 않고 다른 요리에 쓴다고 합니다.

그런데 이런 삼투 현상에서 자유로운 물고기도 있습니다. 바로 민물과 바닷물에서 모두 살 수 있는 회귀성 물고기들이지요. 예를 들어 연어는 민물에서 태어나 바다에서 성장한 후 자신이 태어난 민물로 다시 돌아와 알을 낳고 일생을 마칩니다. 반면 뱀장어는 바다에서 태어나 민물에서 성장한 다음 다시 바다에서 산란한 후 죽습니다. 이들은 민물고기와 바닷물고기의 두 가지 삼투 전략을 모두 사용할 줄 압니다.

하지만 아무리 회귀성 물고기라도 민물에 있던 녀석을 갑자기 바닷물로 옮기면 죽지는 않아도 수분을 빼앗겨 금세 몸이 홀쭉해집니다. 시간이 지나 주변 환경에 서서히 적응하면서 몸이 다시 부풀어 오르면 바다에서도 살 수 있는 것이지요. 이러한 적응 과정을 '순치'라고 합니다. 실제로 연어는 회귀할 때 민물과 바닷물이 만나는 하구에 며칠간 머물며 바닷물고기의 삼투 전략에서 민물고기의 삼투 전략으로 바꾸는 시간을 갖습니다. 어떻게 두 가지 삼투 전략을 자유자재로 사용할 수 있는지는 아직까지 확실치 않다고 합니다.

A형 독감은 왜 'A형'일까?

명명법

09

VOL. II, No.9 　　　바이오NEWS

A·B형 독감 동시 유행
"예방 접종 받으세요!"

올겨울 독감 환자가 많이 늘어나는 가운데 한번 독감을 앓은 사람도 다시 독감에 걸릴 수 있다는 경고가 나오고 있다. 질병관리본부에 따르면 2018년 12월 셋째 주 기준 외래 환자 1,000명당 독감 의심 환자 수는 71.9명으로, 독감 유행주의보가 발령된 지 약 한 달 만에 9배나 늘어났다. 이는 작년 독감 유행 정점에 근접한 것으로 올해 독감 유행이 심상치 않다는 것을 보여 준다.

특히 이 기간에 올겨울 첫 B형 인플루엔자 바이러스가 검출됨에 따라 A형과 B형 인플루엔자가 동시에 유행하고 있어 주의가 요구된다. 통상 B형 독감은 3~4월에 소규모로 유행하지만, 올해는 12월 셋째 주에 첫 B형 인플루엔자 바이러스가 검출된 것.

전문가들은 지금이라도 백신을 통한 독감 예방을 권고하고 있다. 한 의료계 관계자는 "매년 예방 접종만으로도 독감에 걸릴 확률을 70퍼센트 정도 줄여 준다."면서 "다만 3가 백신은 독감 4종 중 1종을 막지 못하므로 올해처럼 B형 독감이 일찍 유행할 때는 4가 백신을 접종받는 것이 좋다."라고 조언했다.

한때 '독한 감기'가 독감이라며 감기에 무슨 예방 접종을 맞냐고 하는 사람들이 있었습니다. 하지만 이제는 많은 사람이 알고 있듯이 독감과 감기는 원인과 증상, 치료법이 모두 다른 별개의 질병입니다. 독감은 인플루엔자 바이러스에 의해 발생하는 반면, 감기는 200여 종 이상의 여러 바이러스에 의해 발생하지요. 심지어 감기 환자 10명 중 4명에서 발견되는 리노바이러스만 해도 변종이 100여 가지가 됩니다. 그렇기 때문에 안타깝게도 일반적인 감기는 예방 백신을 만들 수가 없습니다. 만들더라도 효과를 기대하기가 어렵지요.

그럼 독감 중에서도 A형 독감은 뭐고 B형 독감은 또 뭘까요?

A형 독감,
너의 이름은!

독감을 일으키는 원인인 인플루엔자 바이러스는 지금까지 네 가지가 발견되었습니다. 이들은 그 발견 순서대로 인플루엔자 A, B, C, D로 이름이 붙었지요. 각각은 차례대로 심각한 독감 증상을 일으키는 A형 독감, 소규모 감염병을 일으키는 B형 독감, 드물게 발생하며 증상도 가벼운 C형 독감의 원인입니다. D형 독감 바이러스는 인간을 감염시키는지 아직 밝혀지지 않았습니다. 그래서 우리는 주로 A형과 B형 독감 바이러스에 대한 백신을 맞지요.

그런데 어떤 예방 접종은 어릴 때 한 번만 맞으면 평생 면역력을 가지는데, 왜 독감 주사는 매년 맞아야 할까요?

우리가 매년 독감 주사를 새로 맞는 것은 독감 바이러스가 매년 조금씩 변형되기 때문입니다. 바이러스는 복제하는 과정에서 변종을 매우 쉽게 만듭니다. 숙주 안에 있는 면역 세포가 자신을 쉽게 알아보지 못하게 하기 위해서 자꾸 가면을 바꿔 쓰는 것이지요. 잘 알려진 A형 인플루엔자 바이러스에는 H1N1, H3N2 등이 있고, B형 인플루엔자 바이러스에는 야마가타, 빅토리아 등이 있습니다. 바이러스의 기본 골격이 유사하다면 그 여러 종류를 한데 모아 인플루엔자 A형 바이러스 또는 인플루엔자 B형 바이러스라고 부르는 것이지요. 그렇기 때문에 모든 인플루엔자 바이러스를 동시에 예방하는 단 하나의 백신을 만드는 것은 현재의 의학 기술로는 불가능합니다. 올해 유행할 인플루엔자 바이러스가 무엇일지 미리 예측하고 그에 맞게 새로 만든 백신을 맞아야 하지요. 독감은 그 증세도 심하고 후유증도 있기 때문에 가급적 백신을 맞아 예방하는 것이 좋습니다.

그렇다면 병원에 갔을 때 선택하라고 하는 3가 백신과 4가 백신의 차이는 무엇일까요? 3가 백신은 올해 유행할 A형 바이러스 2종과 B형 바이러스 1종, 총 세 가지의 독감 바이러스를 예방하기 위한 것이고, 4가 백신은 A형 바이러스 2종과 B형 바이러스 2종, 총

네 가지의 독감 바이러스를 예방하기 위한 것입니다. 일반적으로 4가 백신이 3가 백신보다 예방 범위도 넓고 그만큼 비싸죠.

혈액형은 왜
A, B, C, D가 아닐까?

그렇다면 혈액형은 어떨까요? 이 또한 알파벳 순서와 관계 있는 것은 아닐까요? 맞습니다. 우리의 혈액형도 처음에는 A형, B형, C형으로 구분되었답니다.

1900년 오스트리아의 병리학자 카를 란트슈타이너는 두 사람의 혈액을 섞었을 때 서로 엉겨 붙어 굳는 경우가 있고, 그렇지 않는 경우가 있다는 것을 발견했습니다. 그렇게 인간의 혈액에는 세

종류가 있음을 알게 되었고 각각을 A, B, C로 분류했습니다. 그 후 1902년에는 AB형이 추가로 발견되었고, 이후 C형은 O형으로 이름이 바뀌었지요. AB형은 왜 D형으로 이름 붙이지 않고, C형은 또 왜 갑자기 O형이 된 것일까요?

해답은 바로 적혈구에 있습니다. 전자 현미경과 분석 기술의 발달로 우리의 혈액 속에서 산소를 운반하는 적혈구 표면에는 당 사슬이 여러 개 달려 있다는 것이 밝혀졌습니다. 밤송이에 가시가 삐죽삐죽 붙어 있는 것을 떠올리면 이해가 쉬울 것 같네요. 이 밤송이 가시인 당 사슬 끝에는 당이 하나씩 붙어 있는데, 그 당의 종류에 따라 우리 각자의 혈액형이 결정됩니다. 즉, 당 사슬마다 그 끝에 당 A(GalNAc)가 1개씩 더 붙어 있으면 혈액형 A형, 당 사슬 끝에 당 B(Gal)가 1개씩 더 붙어 있으면 혈액형 B형이 되는 것이죠. 또한 어떤 사슬 끝에는 A가 붙고 어떤 사슬 끝에는 B가 붙어 있다면 A와 B를 모두 가지므로 AB형, 어떠한 당도 붙어 있지 않다면 O형이 됩니다. 이렇듯 적혈구의 모습이 상세하게 밝혀진 이후, 처음에 C형이었던 혈액형은 '당 A와 B를 모두 갖지 않는다.'라는 의미의 영(0)에서 따와서 O형이 되고 AB형은 '당 A와 B를 모두 갖는다.'라는 의미로 D형 대신 AB형이 되었답니다.

흥미롭게도 당 A가 달린 당 사슬은 당 B가 달린 당 사슬만 갖는 혈액형에게 침입자로 여겨집니다. 반대로 당 B가 달린 당 사슬은 당 A가 달린 당 사슬만 갖는 혈액형에게 침입자로 여겨지지요. 그

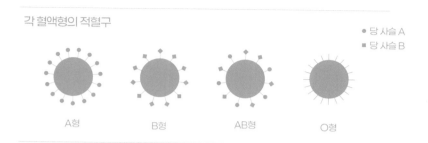

각 혈액형의 적혈구

● 당 사슬 A
■ 당 사슬 B

A형   B형   AB형   O형

렇기 때문에 혈액형 A형과 B형은 서로 수혈을 할 수 없습니다. 같은 논리로 O형은 당 A와 B가 모두 없어 모두를 침입자로 여기기 때문에 O형을 제외한 다른 혈액형으로부터 수혈을 받을 수 없지요. 한편 AB형은 그 어떤 당 사슬도 침입자로 인식하지 않기 때문에 모든 혈액형으로부터 수혈을 받을 수 있다는 점!

사라진 비타민의 이름들

지금까지 열심히 따라오느라 지치지는 않았나요? 비타민 음료라도 마시고 힘을 내 봅시다. 비타민은 아주 적은 양으로 우리 몸의 생명 활동과 기능을 조절하는 필수 영양소입니다. 소량이지만 꼭 필요하고 체내에서 만들어지지 않죠. 그래서 꼭 음식 등을 통해 섭취해야 합니다. 잠깐! 그리고 보니 비타민의 이름도 A, B, C, D, E인 것을 보면 다른 것과 마찬가지로 발견 순서에 따라 알파벳 순서대로 이름을 붙인 것이 아닐까요? 하지만 비타민은 비타민 F, G, H, I, J를 건너뛰고 갑자기 비타민 K가 등장합니다. 비타민 F, G, H, I, J는 어디로 간 것일까요?

짐작대로 비타민의 일반명[■]은 A부터 알파벳 순서대로 이름 붙여진 것이 맞습니다. 당연히 비타민 F, G, H, I, J도 있었습니다. 그러나 체내에서 만들어지는 것이 확인되거나, 양이 매우 적어서 또는 필수 영양소가 아니어서, 혹은 다른 비타민과 중복된다는 이유로 재분류됨에 따라 모두 사라졌죠. 실제로 비타민 F는 필수 지방산으로, 비타민 G와 비타민 I는 비타민 B_2로, 비타민 H는 비타민 B_7으로, 플라빈은 B_2로 재분류되었습니다. 비타민 J 중 카테콜은 필수 영양소가 아닌 것으로 밝혀졌지요. 비타민 K 이후로도 새롭게 발견된 물질들에 비타민 L1, L2, M, O, P, PP, Q, S, T, U 등의 이름이 붙여졌으나 모두 재분류되거나 폐기되어 결국 지금의 비타민 A, B, C, D, E, K 체계가 완성되었답니다.

■ 비타민은 한 물질이 일반명과 화학명의 두 가지 이름을 갖습니다. 일반명은 흔히 사용되는 이름으로 A, B, C, D, E 등의 알파벳 순서대로 불리며, 화학명은 화학적 구조에 따라 제안된 이름으로 비타민 A는 레티놀, B_1은 티아민, B_2는 리보플라빈, C는 아스코르브산, D는 칼시페롤, E는 토코페롤, K는 필로퀴논 등으로 불립니다.

항상 알파벳 순서를 따라야만 하냐고요? 예외도 있습니다. 사실 나중에 발견된 비타민 K는 알파벳 순서와 관계가 없습니다. 비타민 K는 혈액 응고에 필요한 성분인데, 독일어와 덴마크어로 '응고'를 뜻하는 'Koagulation'에서 첫 글자를 따왔답니다.

어떤가요? 과학계와 의학계에서 이름 붙이는 체계가 생각보다 단순하지요?

3부

내 머리로 생각하는
생명 과학 논쟁들

게임,
중독인가
아닌가?

01

VOL. III. No.I

바이오NEWS

세계 보건 기구
(WHO)

게임 중독을
정식 질병 코드로 등록

세계 보건 기구가 쏘아 올린
작은 공

신종 코로나 바이러스 감염증(covid-19)이 계속 확산되면서 어른과 아이 모두 집에서 게임을 즐기는 시간이 많아졌습니다. 사회적 거리 두기를 실천하고 있는 '집콕'족 사이에서 특정 인터넷 게임이 엄청난 인기를 끌면서, 게임기가 동나기도 했지요.

지난 2019년, '게임 사용 장애'를 정식 질병 코드로 등록하는 안건이 세계 보건 기구 194개 회원국의 만장일치로 승인되었습니다. 이에 따라 2022년 1월▪부터 전 세계적으로 게임 중독을 공식적인 질병으로 진료할 수 있게 되었죠.

하지만 과도하게 게임을 하는 것을 '중독'이라고 할 수 있느냐에 대해서는 여전히 논쟁 중입니다. 보건복지부는 "게임 중독은 질병적 요소가 있다."라는 의학계의 의견에 찬성하는 반면, 문화체육관광부는 게임 산업 위축 등을 이유로 강한 반대하고 있지요.

심지어 게임 중독을 지칭하는 용어를 두고도 논란이 있습니다. 게임 중독이나 게임 사용 장애라는 용어는 의학계를 비롯해 질병에 무게를 두는 측에서 주로 사용합니다. 한편 이에 반대하는 사

▪ 세계 보건 기구는 '5년의 과도기를 제공하고 필요시 연장한다.'라는 단서 조항을 달아서 발표했습니다.

람들은 장애나 중독이라는 용어가 '게임은 나쁜 것'이라는 인상을 주기 때문에 가치 중립적인 '게임 과몰입'이라는 용어를 제안하고 있지요. 각 입장을 좀 더 자세히 살펴볼까요?

게임은
중독 물질?

2002년 미국의 위스콘신주에서는 온라인 게임에 너무 열중한 아버지가 아이를 방치하여 아이가 사망하는 사건이 일어났습니다. 같은 해 우리나라에서는 24세 남성이 피시방에서 나흘 동안 온라인 게임을 하다 사망하는 사례가 세계 최초로 보고되었죠. 다리를 오랫동안 움직이지 않아 생긴 혈전이 폐의 동맥을 막았기 때문이었습니다. 이어 비슷한 사건이 연이어 발생하면서 게임 중독은 심각한 사회 문제로 떠올랐습니다.

그러자 2011년 1월, 한 방송사에서 「살인을 부르는 게임 중독」이라는 제목으로 게임이 마약과 같다는 내용을 보도했습니다. 해당 프로그램에서는 "총싸움 게임을 하는 아이의 뇌는, 극단적으로 말해 사람을 죽여도 반성하지 못하는 뇌로 변한다."라고 보도했지요. 이러한 주장의 근거가 된 것은 2002년 일본의 뇌 과학자 모리 아키오가 주장한 '게임 뇌 이론'입니다. 그의 연구에 따르면, 주당 4~6회, 한 번에 2~7시간씩 게임을 하는 사람의 뇌파는 치매 환자의 뇌파와 유사하다고 합니다. 그는 비디오 게임에서 나오는 특유의 전자기파가 뇌에 악영향을 준다고 주장하며, 이때의 뇌 상태를 '게임 뇌'라고 이름 붙였습니다. 이를 근거로 우리나라에서는 2011년부터 청소년의 게임 시간을 규제하는 '셧다운(shutdown)제'가 시행되었습니다.

중독에는 도파민이 관여한다는 '게임 마약론'도 셧다운제 도입을 도왔습니다. 게임에 몰두하면 뇌에서 도파민이 분비됩니다. 도파민은 뇌의 전두엽을 자극해 기분을 좋게 만들어 주는 물질이지요. 도박과 알코올, 마약 중독자의 뇌에서도 같은 일이 벌어집니다. 문제는 도파민이 계속 지나치게 분비되면 도파민 회로에 변형이 일어나 이전과 동일한 강도의 자극으로는 즐거움이 느껴지지 않는다는 것입니다. 그 결과 더 강하고 더 많은 자극을 원하게 되지요. 가톨릭의과대학 이해국 교수는 계간지 『의료정책포럼』에 "게임의 과도한 사용은 뇌에 작용하여 중독을 유발할 수 있고, 조절 기능을 저하시켜 중독의 지속을 초래할 수 있으며, 결과적으로 다양한 건강 문제가 발생할 수 있다는 '질병으로서의 조건'을 충족한다."라고 발표한 바 있습니다.

게임 과몰입은
원인이 아닌 결과

하지만 다른 쪽에서는 게임을 중독으로 보는 것은 문제의 원인을 정확하게 파악하지 않은 것이라고 이야기합니다.

게임 과몰입을 진단하는 질문지에는 '게임을 하지 않을 때 계속 게임을 생각하나요?'나 '게임을 하지 않을 때 기분이 나빠지나요?' 같은 문항이 있습니다. 문제는 이 질문에서 게임을 독서, 영화 감상, 산책과 같은 이른바 '건전한 취미'로 바꾸어 진단해도 비슷한 결과가 나온다는 사실입니다. 하지만 산책을 하지 않을 때 계속 산책 생각이 난다고 해서 '산책 중독'이라며 사회 문제로 여기는 사람은 아무도 없지요.

게임 과몰입 힐링 센터를 운영하는 중앙대학교 정신건강의학과 한덕현 교수는 한 토론회에서 그의 연구를 근거로 "알코올 중독이나 마약 중독 환자의 경우 우울증 등 다른 질환(공존 질환)을 동시에 앓는 경우가 종종 있다. 게임의 경우, 공존 질환의 비율은 놀랍게도 거의 90퍼센트에 다다른다. 즉, 게임에 문제가 있는지 혹은 게임을 하는 사람이 갖는 또 다른 공존 질환의 문제인지 구분해서 대처할 필요성이 있다."라고 말했습니다. 기분 장애나 ADHD(주의력 결핍 과잉 행동 장애) 등의 다른 질환을 가진 경우 충동 조절이 어렵거나 더 강한 자극을 추구하는 성향이 있어 상대적으로 쉽게 게임에 과몰입하게 되지만, 다른 질환이 호전되기만 해도 게임 과몰입 현상이 대부분 사라지기 때문입니다.

청소년의 경우, 게임 과몰입의 원인이 더욱 명확히 밝혀지기도 했습니다. 건국대학교 연구 팀은 청소년이 겪는 학업 스트레스에 의한 고통이 자기 통제력을 상실하게 만들며 이로 인해 게임에 과몰입하게 된다는 연구 결과를 발표했습니다. 즉, 청소년들이 게임 중독에 빠지는 것 역시 2차적 행동일 가능성이 높기 때문에, 근본적인 원인에 초점을 맞춰 접근해야 한다는 것입니다.

게임에 의해 분비된 도파민이 중독을 일으킨다는 '게임 마약론'에 대해서도 반론이 있습니다. 미국 존스홉킨스의과대학의 데이비드 린든 교수의 2013년 발표에 따르면, 인간이 어떤 행동을 할 때 도파민이 분비되는 것은 자연스러운 현상입니다. 도파민에 의해 활성화된 뇌 속의 쾌감 회로는 우리 삶에 활력을 주기 때문입니다. 쇼핑, 도박, 마약, 온라인 게임은 물론이고 심지어 스포츠와 공부, 신에게 올리는 기도까지도 모두 이 도파민의 작용에 뿌리를 두고 있습니다. 즉, 뇌에서 분비되는 도파민은 중독에만 작용하는 것이 아니며, 애초에 인간은 도파민이 없으면 행동할 수 없지요.

뇌 연구 결과에서도 흥미로운 반대 의견이 등장합니다. 2015년 서울아산병원 강동화 교수 연구 팀은 '실시간 전략 게임과 시지각 학습'을 주제로 연구를 했습니다. '시지각 학습'이란 간단히 말해, 계속해서 보다 보면 이전에 못 보던 것을 보게 되는 것입니다. 예를 들어, 엑스레이를 다루는 방사선과 의사들은 남들은 한참을 들여다보아도 찾아내지 못하는 엑스레이 사진상의 이상 징후를 금방 찾아내지요. 또 편집자들은 긴 글에서 금세 오탈자를 찾아냅니다. 이렇게 시각적인 부분에 많은 훈련을 거쳐 숙련도가 높아지는 것을 시지각 학습이라고 합니다. 연구 팀은 게이머 16명과 최근 1년 간 어떤 게임도 10시간 이상 한 적 없는 게임 비경험자 15명을 대상으로, 게임을 하는 동안 뇌의 연결 구조가 어떻게 변화하는지 MRI(자기 공명 영상 장치) 촬영을 통해 관찰했습니다. 결과는 놀라웠습니다. 테스트 결과 게이머들의 시지각 학습 수행 능력이 월등했고, 뇌의 전두엽이 더 활성화되었으며 뇌의 뒤쪽에서 앞쪽으로 가는 뇌의 연결 패턴 또한 게임 비경험자보다 더욱 발달되어 있었습니다.

이러한 연구 결과들은 게임은 중독 물질이 아니며 게임 과몰입을 질병으로 진단할 근거가 불충분하다고 말하고 있습니다.

게임은
공부의 적?

게임에 대한 논란은 당분간 식지 않을 듯합니다. 게임은 우리 국민의 67퍼센트가 즐기고 있고 연간 5조 원 이상 수출 실적을 내고 있습니다. 하지만 현재 북미와 유럽에서는 한국을 청소년의 게임 과몰입이 심각한 나라로 보고 있습니다. 미국 ABC 방송은 한국에서 200만 명이 게임에 중독되어 있다고 보도했으며, 미국 방송 CNN 또한 한국의 9~12세 청소년의 14퍼센트가 중독자로 분류된다고 보도했습니다.

그러나 게임을 하는 청소년 2,000명을 대상으로 2014년부터 2018년까지 약 5년간 연구했던 건국대학교 문화콘텐츠학과 정의준 교수에 따르면, 2018년 연구 대상 청소년 중 66.6퍼센트인 519명은 5년간 단 한 번도 게임 과몰입으로 진단받지 않았다고 합니다. 그렇게 진단된 청소년은 1.4퍼센트인 11명뿐이었지요. 더욱 흥미로운 것은 전문적 조치를 취하지 않았음에도 불구하고, 매년 50~60퍼센트의 게임 과몰입 청소년들이 다시 정상 수치를 회복했다는 사실입니다.

여러분은 하루에 게임을 얼마나 하나요? 게임을 하다가 다른 중요한 일을 못 하거나 크게 실수를 한 적이 있나요? 게임 때문에 방해를 받는다고 생각하나요, 아니면 게임 덕분에 스트레스가 풀린다고 생각하나요?

세대에 따라 공부에는 항상 적이 있었습니다. 예전에는 만화책이나 텔레비전이었죠. 어떤 어른들은 학생들이 만화책을 보면 혼을 냈습니다. 정도의 차이야 있겠지만 오늘날에는 게임이 그 위치에 있어요. 여러분에게 게임은 어떤 의미인가요?

인간의 죽음을 판단하는 기준은?

02

VOL. III, No.2

바이오NEWS

사고로 식물인간 된 여성, 27년 만에 깨어나

아랍 에미리트 여성 A 씨가 식물인간이 된 지 27년 만에 의식을 되찾아 화제가 되고 있다. 1991년 사고 당시 32세였던 A 씨는 당시 4세였던 아들을 아부다비 인근의 유치원에 데려다주는 길이었다. 시동생이 운전하던 승용차 뒷좌석에 앉아 있던 A 씨는 트럭에 부딪히는 순간 아들을 온몸으로 감싸 안았다. 그 덕분에 아이는 크게 다치지 않았으나, A 씨는 뇌를 크게 다치고 식물인간 판정을 받았다.

식물인간 상태가 오랫동안 지속되었지만 가족들은 치료를 포기하지 않았다. 치료가 계속되던 어느 날, 아들은 병원에서 다른 사람과 말다툼을 벌였는데 이때 기적이 일어났다. 아들은 "당시 오해가 있어 말다툼했는데 엄마는 내가 위험에 처해 있다고 느낀 것 같다."라며 "사흘 뒤 누군가 내 이름을 부르는 소리에 잠을 깨 보니 바로 어머니였다. 정말 날아갈 것 같은 기분이었다."라고 말했다.

의식이 없는 사람

아직은 몸에 에너지가 솟구치고 하루하루 크느라 바쁜 여러분이지만, 혹시 죽음에 대해 생각해 본 적이 있나요? 할머니나 할아버지, 혹은 먼 친척 어른의 장례식장에 가 본 적이 있을 거예요. 우리는 생명의 상태를 삶 또는 죽음, 이 두 가지로 생각합니다. 삶 다음에는 죽음이 있죠. 그런데 삶과 죽음, 그것을 나누는 기준은 무엇일까요?

식물인간은 대뇌에 심각한 손상을 입어 모든 인지 기능이 불가능한 상태를 말합니다. 따라서 환자는 의식이 없고, 외부 환경과 자극에 대해 대뇌가 판단하고 반응을 보일 수 없지요. 하지만 대뇌만 손상을 입었을 뿐, 대뇌와 소뇌를 제외한 나머지 부분인 뇌간의 기능은 살아 있기 때문에 자발적으로 호흡을 하고 심장도 잘 뜁니다. 또한 잠을 자고 깨는 행위, 무의식적 반사 반응, 위장 운동, 체온 유지 등도 스스로 할 수 있습니다. 즉, 외부에서 영양 공급만 충분히 이루어진다면 기계의 도움 없이 생명 유지가 가능한 상태죠. 기사에서처럼 수개월이나 수년 뒤에 기적적으로 깨어나는 경우가 종종 있어 식물인간은 장기 기증을 할 수 없습니다. 그러나 보통은 폐렴과 같은 합병증이나 기존에 앓던 병이 악화되어 결국 사망하게 되지요.

많은 사람이 식물인간 상태와 혼동하는 것이 있습니다. 바로 뇌사 상태입니다. 뇌사는 대뇌는 물론 뇌간도 손상을 받아서 모든 뇌 기능이 회복할 수 없을 정도로 정지된 상태를 말합니다. 식물인간 상태와 달리 뇌간의 기능이 정지했기 때문에 인공호흡기 없이는 호흡이나 심장 박동을 할 수 없지요. 잠을 자고 깨는 행위, 무의식적 반사 반응 등도 뇌사 상태에서는 나타나지 않습니다. 뇌사 상태인 환자는 깨어날 수 없고 생명 유지 장치를 떼면 곧 사망합니다. 그 때문에 아직 장기가 살아 있을 때 장기 이식을 하여 여러 목숨을 구하기도 하지요.

죽음의 기준

전통적인 죽음의 기준은 심장 박동과 호흡 운동이 영원히 정지하는 심장사(心臟死)였습니다. 일반적으로 심폐 기능이 정지한 후 30분간 심폐 소생술을 해도 회복되지 않을 때 심장사 판정을 내리지요. 그런데 1968년 미국 하버드의과대학이 뇌사를 '비가역적 혼수상태'(Irreversible Coma), 즉 뇌가 영원히 기능을 상실한 상태라고 정의한 후 뇌사가 새로운 죽음의 기준으로 여겨지기 시작했습니다. 아직 심장이 멈추지 않았더라도 뇌가 기능을 잃으면 어차피 심장 또한 멈추게 되기 때문이지요.

여기서 문제가 생기기 시작합니다. 환자 본인이 삶과 죽음의 경계에 있을 때, 환자의 보호자, 의사, 법, 이 셋 중 '누가 환자의 죽음을 판단할 것인가?' 하는 문제 말이죠. 시작은 '보라매병원 사건' 이었습니다. 1997년 서울 보라매병원 의사들은 보호자가 없는 응급 환자를 수술했습니다. 다음 날 환자의 가족은 치료비를 부담하기 어렵다며 퇴원을 요구했습니다. 병원에서는 가족들을 말리다 '환자의 죽음에 대해 병원은 책임지지 않는다.'라는 각서를 받고 퇴원시켰고, 환자는 곧 사망했습니다. 그런데 대법원은 보호자에게 살인죄 유죄, 의사에게 살인방조죄 유죄를 선고했습니다. 환자가 죽을 것을 알면서도 내보낸 의사가 살인을 눈감았다고 판단한 것이죠.

논란이 된 이 판결 이후 많은 환자의 죽음을 '법'이 결정하게 되었습니다. 2008년 76세 여성이 병원에서 폐암 조직 검사를 받다가 과다 출혈로 식물인간이 됐습니다. 가족들은 목숨을 겨우 이어 가기만 할 뿐인 연명 치료를 중단해 달라고 요구했지만 병원은 거부했습니다. 결국 소송 끝에 대법원은 가족의 손을 들어 연명 치료 장치를 제거하라고 판결했지요.

이때 '연명 치료 중단'을 위한 두 가지 개념이 만들어집니다. 환자가 '회복 불가능한 사망의 단계'일 것, 그리고 환자 본인의 '연명 치료 중단 의사가 추정될 것'이지요. 이 판결 이후 뇌사에 빠지기 전에 환자 본인이 연명 치료 중단 의사를 밝히면 연명 치료 장치를 제거하는 것이 가능해졌습니다. 그런데 급작스럽게 식물인간 상태가 되어 본인의 의사를 밝힐 수 없었던 이 76세의 여성은 정작 자신의 연명 치료를 중단하는 것에 찬성했을까요?

2019년에는 연명 치료와 관련하여 더욱 안타까운 일이 일어납니다. 폐암 3기 진단을 받은 또 다른 76세 여성이 치매 환자와 비슷한 행동을 보이기 시작해 병원에 검사를 하러 가던 중 교통사고를 당해 식물인간이 된 것입니다. 그런데 이 여성은 연명의료법에 따라 이미 연명 치료 중단에 동의한 상태였습니다. 임종 과정에서 심폐 소생술과 인공 호흡기 착용을 하지 않기로 했죠. 아들은 어머니가 식물인간 상태가 되자 어머니의 연명 치료를 중단해 달라고 병원에 요청했지만, 병원은 거절했습니다. 법에서는 '임종 과정에 있는 환자' 또는 '말기 환자'만 연명 치료를 중단할 수 있다고 정해 놓았기 때문이지요. 폐암 3기이기는 해도 말기 환자도 아니고, 식물인간 상태라 임종 과정에 있지도 않았던 이 여성은 연명 치료를 중단해 달라는 본인의 의사를 존중받지 못했습니다.

여기서 끝이 아닙니다. 법이 인간의 삶과 죽음의 기준을 명확히 하지 못한 사례는 또 생겨납니다.

크리스마스의 기적

2011년 12월 24일 이른바 '크리스마스의 기적'이 일어나 화제가 되었습니다. 뇌사 상태에서 장기 기증을 앞두고 있었던 미국의 21세 대학생이 생명 유지 장치 제거를 몇 시간을 앞두고 기적적으로 의식을 회복했기 때문입니다. 그는 그해 10월 교통사고로 뇌 손상을 입어 뇌사 상태가 되었고, 그의 가족들은 장기 기증에 동의한 상황이었습니다. 담당 의사가 마지막으로 MRI 촬영을 했는데 뇌에 혈전이 없어 약간 희망이 보이던 차에 환자가 의사의 지시에 손가락을 들어 올리며 '살아 있다'고 신호를 보낸 것이죠.

'사망한 사람'으로 간주되었던 뇌사 상태의 환자가 깨어난 이 사례로 인해 이제 법률에 근거한 의사의 판단도 100퍼센트 확신할 수 없게 되었습니다.

한편 2009년 5월, 우리 대법원은 식물인간 상태로 진단된 환자의 연명 치료 중단을 허용하는 판결을 내렸습니다. 이로써 죽음을 판단하는 것이 더욱 어려워졌습니다. 앞서 말했듯 의학적으로 식물인간 상태는 '살아 있는 사람'으로 보기 때문이지요. 뇌사 환자도 살아날 수 있고, 식물인간도 연명 치료를 중단할 수 있기 때문에 삶과 죽음의 경계는 더욱 모호해지고 있습니다.

내가 죽음을 받아들이는 순간과, 의학이나 법이 나에게 죽음을 선고하는 순간의 사이에는 분명 간극이 있습니다. 기술이 발전하면서 죽음을 정의하는 일은 더욱 복잡해지고 있지요. 이와 관련하여 2019년 4월 미국 예일대 의과대학 네나드 세스탄 교수 연구 팀은 죽은 지 4시간이 지난 돼지의 뇌세포 일부를 살려 내는 데 성공했다고 밝혔습니다. 연구 팀은 육류 가공업체에서 죽은 지 4시간이 지난 돼지 사체 32마리를 구해 뇌를 분리한 뒤 '브레인엑스(BrainEx)' 라고 이름 붙인 장치에 하나씩 넣고 화학 처리를 했습니다. 그리고 이 브레인엑스를 이용해 뇌로 향하는 동맥에 인공 혈액을 주입하자, 돼지의 뇌혈관 구조가 회복되고 뇌세포가 살아 있을 때 발생하는 전기 신호도 감지되었다고 합니다. 이 놀라운 생명의 부활이 6시간 동안 지속되자, 윤리적 논쟁을 막기 위해 과학자들은 실험을 중단했습니다. 이 연구 결과가 사회에 가져올 파장은 실로 엄청날 것입니다. 삶과 죽음의 경계에 대해 다시 논의해야 할 수도 있기 때문이지요. 심폐 소생술은 얼마 동안 하는 것이 적당한가, 언제 장기 기증을 결정할 수 있는가와 같은 문제도 따라올 테고요.

인공 지능이 죽음을 결정하는 시대?

생명을 다루는 현대 과학은 빠르게 진보하고 있습니다. 아이비엠(IBM)사는 인공 지능 시스템 왓슨(Watson)을 통해 암 환자 진료, 유전체 분석, 임상 시험 환자 매칭 등의 서비스를 제공하고 있습니다. 이미 우리나라 병원에서도 암 진단에 왓슨을 사용하고 있습니다. 왓슨은 암 환자의 종양 세포와 유전자 염기 서열을 분석하고, 환자의 진료 기록과 의료 데이터를 바탕으로 가능한 치료법을 추천해 줍니다. 진단하는 기능은 없으며 진료를 보조하는 역할을 하므로 IBM사는 "왓슨은 의사를 대체하지 않는다. 의사의 역할을 강화하는 것이 왓슨의 역할이다."라고 소개하고 있지요.

아직은 인공 지능이 의사를 돕는 수준이지만, 인공 지능의 판단만으로 치료법을 결정할 날도 머지않은 듯합니다. 그렇기 때문에 '환자의 연명 치료를 중단할 것인가'를 판단하는, 즉 '회복이 불가능한 사망의 단계'인지를 의사가 아니라 인공 지능이 결정하는 시대도 충분히 가능성 있어 보입니다.

인공 지능과 관련한 문제는 이미 현실에서 나타나고 있습니다. 자율 주행 자동차는 아직 생명권 문제를 완전히 해결하지 못했지요. 즉, 자율 주행 자동차가 사고 위험에 직면했을 때, 적은 사망자와 많은 부상자 가운데 어느 쪽을 택하도록 할 것인지 등은 아직 더 논의가 필요합니다.

삶과 죽음의 기준을 정하는 일은 한 번도 쉬웠던 적이 없습니다. 과학과 기술이 발달함에 따라 인간의 존엄과 가치, 생명권을 고려하여 그 기준을 꾸준히 고민할 필요가 있습니다.

우리는
방사선
노출로부터
안전한가?

03

VOL. III. No.3 **바이오NEWS**

침대에서
발암 물질 검출 논란

2018년 5월, 국내의 한 침대 제조업체에서 판매한 매트리스에서 폐암 유발 물질인 '라돈'이 다량 검출됐다. 원자력 안전 위원회는 '라돈 침대' 매트리스의 방사선 피폭량이 기준치 1밀리시버트의 최고 9.3배에 이른다.'라고 발표하고 수거 및 폐기 명령을 내렸다. 해당 침대 제조업체는 홈페이지를 통해 문제가 된 매트리스를 신속하게 회수하겠다고 밝혔다.

스스로 빛나는 물질

"매일 잠을 자는 침대에서 방사선이 나오다니!" '라돈 침대' 사태가 일어나자 많은 사람이 방사능에 대해 현실적이고 직접적인 공포를 느꼈습니다. 몸에 좋은 음이온이 나오는 침대라고 하여 비싼 돈을 주고 샀는데, 오히려 우리 몸에 치명적인 해를 끼칠 수 있다니 어이가 없을 수밖에요. 당시 방사선 측정기를 사거나 빌려서 자기 집 침대를 비롯한 주변의 방사선 수치를 재는 사람도 많았습니다.

라돈은 라듐이라는 방사성 물질이 붕괴할 때 발생하는 방사성 천연가스입니다. 눈에 보이지도 않고 냄새도 나지 않지만, 흡연 다음으로 가장 주요한 폐암 원인으로 알려진 1급 발암 물질이지요. 라돈은 자연에서도 발생하는데, 화강암에서 주로 자연 방출됩니다. 그래서 광부들이 오랜 기간 높은 농도의 라돈에 노출되는 경우 폐암 발병률이 높다고 합니다.

라돈의 무서움을 처음부터 알았던 것은 아닙니다. 1898년 마리 퀴리와 남편 피에르 퀴리는 강한 광선을 내는 새로운 원소를 발견했습니다. 빛을 방사한다는 뜻의 라틴어 라디우스(radius)에서 그 이름을 가져와 '라듐'이라고 지었습니다. 퀴리 부부는 이 공로로 1903년 노벨 물리학상을 공동 수상했지요. 방사성 물질을 일상생활에서 처음 접한 인류는 스스로 빛을 내는 이 신비한 물질의 매력에 빠지게 됩니다. 몸에 좋다는 라듐 물과 라듐 화장품이 출시됐고, 치아를 빛나게 해 준다는 라듐 치약도 판매됐을 정도였다고 하니 그 인기가 짐작이 되나요?

지금 생각하면 정말 끔찍한 일입니다. 아니나 다를까, 1923년부터 의문의 병으로 죽는 젊은 여성 노동자들이 나타나기 시작했습니다. 그들은 이가 빠지거나 잇몸이 무너지고, 뼈와 근육에 암이 퍼지기도 했죠. '라듐 걸스(Raduim Girls)'라 불리는 이들은 미국 뉴저지의 시계 공장에서 라듐이 든 야광 페인트를 칠하는 작업을 했습니다. 어둠 속에서도 빛을 내는 라듐을 시곗바늘이나 숫자에 칠하면 밤에도 시간을 알 수 있기 때문이었죠. 그 과정에서 그들은 붓을 뾰족하게 만들기 위해 라듐이 묻은 붓을 연신 입에 집어넣었습니다. 결국 장기간에 걸쳐 과다 피폭된 이들은 병에 걸리거나 죽음에 이르게 되었죠. 라듐을 분리하는 과정에서 방사성 물질에 오랫동안 노출됐던 마리 퀴리도 1934년 백혈병과 골수암으로 59세에 숨을 거둡니다.

그런데 1990년대 말 일본에서 갑자기 '음이온이 몸에 좋다'는 소문이 돌기 시작합니다. 소문을 뒷받침할 과학적 근거가 부족한데도 사람들은 환호했고, 음이온을 만들어 내기 위해 모나자이트라는 광석을 사용했지요. 그러나 모나자이트 광석에 미량 함유된 우라늄과 토륨 등이 1급 발암 물질인 라돈을 기준치 이상으로 만들어 내는 것이 밝혀지면서 '라돈 침대' 사태를 맞게 된 것입니다.

방사능과 피폭

  방사능, 방사성 물질, 방사선, 피폭, 용어가 참 어렵지요? 우라늄이나 라듐과 같은 물질을 '방사성 물질'이라고 합니다. 이 물질에서는 에너지가 매우 큰 '방사선'이 나오지요. 그리고 방사성 물질에서 방사선이 방출되는 현상 또는 성질을 '방사능'이라고 합니다. 이를 총에 비유하면 이해가 쉽습니다. 총을 쏠 때 총알 내부의 화약이 터지면서 탄피가 떨어져 나가고 탄두만 과녁을 향해 날아가듯이, 방사성 물질(총알)은 시간이 지나면 핵(화약)이 붕괴하면서 방사선(탄두)을 방출한 뒤 기존과는 전혀 다른 물질(탄피)로 변화합니다. 흥미로운 것은 실제 총알은 한번 발사되면 재사용이 불가능한 반면, 라듐은 방사선을 내뿜고 라돈이 되고, 라돈은 다시 방사선을 내뿜으며 폴로늄이 되고, 폴로늄은 다시 방사선을 내뿜으며 납으로 변화하는 일종의 붕괴 사슬을 가지고 있다는 점입니다. 원자력 발전소에서 원료로 사용하는 우라늄도 마찬가지죠. 그리고 사람이 총알의 탄두에 맞는 것을 '피격'이라고 하듯이, 방사

방사능 붕괴 사슬

U
우라늄
238

→

Ra
라듐
226

→

Rn
라돈
222

→

Po
폴로늄
218

→

Pb
납
206

성 물질에서 나온 방사선에 맞는(노출되는) 것을 '피폭'이라고 합니다. 방사선에 피폭되면 우리 세포 안의 DNA가 절단될 수 있습니다. 세계 보건 기구에 따르면, 방사선의 노출 정도에 따라 탈모, 불임, 인체 조직과 장기 손상은 물론, 암과 유전자 돌연변이가 발생할 수 있다고 경고합니다.

이러한 방사선의 종류에는 알파(α)선, 베타(β)선, 엑스(χ)선, 감마(γ)선이 등이 있습니다. 알파선은 종이를, 베타선은 알루미늄을, 엑스선은 납을, 감마선은 콘크리트를 뚫을 수 없다고 합니다. 그래서 핵 발전소는 콘크리트로 감싸지요. 감마선에 비교하면 A4 종이 한 장도 뚫지 못하는 알파선은 만만하게 느껴지기도 합니다. 그런데 만일 알파선을 내뿜는 방사성 물질이 음식이나 다른 경로로 우리 몸 안으로 들어온다면 어떨까요? 알파선은 투과력은 약하지만 생체 파괴력은 감마선보다 훨씬 강합니다. 종이나 옷감도 통과하지 못하는데 당연히 알파선이 몸 밖으로 투과되어 나오지도 못하겠지요. 방사성 물질이 사라지거나 몸 밖으로 모두 배출될 때까지 그 큰 에너지를 우리 몸이 온전히 감당해야 하므로 매우 위험한 상황이 될 것입니다. 이것을 '내부 피폭'이라고 합니다.

맞아도 회복 가능한 방사선의 양

그런데 우리는 평생 방사선에 노출될 수밖에 없습니다. 곳곳에 방사선이 있기 때문입니다. 방사선은 출처에 따라 다시 자연 방사선과 인공 방사선으로 나뉩니다. 자연 방사선에는 땅속의 광물질과 지표면에서 자연적으로 발생하는 방사선이나 비행기를 탈 때 받게 되는 우주 방사선 등이 있지요. 인공 방사선에는 엑스레이 촬영이나 CT(컴퓨터 단층 촬영) 때 인위적으로 쐬게 되는 의료 방사선 등이 있습니다.

성인을 기준으로 1년 동안 허용된 피폭량은 자연 방사선 2.4밀리시버트(mSv)와 인공 방사선 1밀리시버트를 더한 3.4밀리시버트입니다. 이 정도의 피폭량은 안전하다고 과학자들이 기준을 정한 것이죠. 일반적으로 우리나라에서 비행기를 타고 유럽 여행을 한 번 다녀오면 0.07밀리시버트, 엑스레이 촬영을 하면 0.02~0.1밀리시버트, CT 촬영을 하면 평균 15밀리시버트의 방사선에 피폭된다고 합니다. CT 촬영은 인공 방사선 허용치인 1밀리시버트를 꽤나 웃도는 수치이지만, 환자들은 의학적 이득이 훨씬 크다고 판단하기 때문에 피폭을 감수하는 것이지요.

반면 의학적으로 개인에게 허용되는 연간 방사선 피폭량은 100밀리시버트입니다. 앞에서 말한 3.4밀리시버트와는 그 차이가 어마어마하지요? 사실 방사선 피해는 임상 시험을 할 수 없습니다. 사람에게 방사선을 쏘면서 피폭량에 따라 얼마나 피해를 입는지 조사할 수는 없는 일이지요. 현재의 피폭량 기준치는 과거 방사선 누출 사고로 인한 피해자 추적 조사를 통해 확률적으로만 제시되는 기준이지요. 연간 100밀리시버트라는 수치는 과거 원자 폭탄 피해 생존자나 원자력 발전소 종사자에 대한 연구 결과, 약 100밀리시버트 이상 피폭된 사람들에게서 암의 증가가 확인됐다는 것에 근거한 것입니다. 그러므로 100밀리시버트까지 피폭되는 것은 무조건 안전하다는 뜻이 아니라, 다른 이유로 암이 생길 가능성보다 그 가능성이 높지 않다는 뜻입니다.

방사능과
고등어

그렇다면 음식으로 인한 내부 피폭은 어떨까요? 방사성 물질로 오염된 토양이나 바닷물에서 자란 작물이나 물고기 등은 자연스레 방사성 물질을 함유하게 됩니다. 동식물 스스로도 내부 피폭을 당하고 있고 인간이 그것들을 섭취하면 마찬가지로 내부 피폭이 되지요.

2013년 4월 말 우리나라 신고리 원자력 발전소 1, 2호기 배수구에서 잡힌 숭어에서 방사성 물질인 세슘-137[■]이 1킬로그램당 약 6.83베크렐(Bq)이 검출된 일이 있었습니다. 당시 원자력 안전 기술원은 우리나라 성인 1명이 1년 동안 숭어 95그램을 먹는다고 가정했을 때 우리 몸의 연간 피폭량은 8.4×10^{-6}밀리시버트로 일반인의 연간 인공 방사선 허용 피폭량의 0.0008퍼센트라고 밝혔습니다. 물론 이 숭어를 계속 먹으면 피폭량이 늘어나겠지만, 숭어만 먹어서 1년 허용치를 채우려면 숭어를 하루에 약 32킬로그램씩 먹어야 한다는 계산이 나옵니다. 당시 원자력 안전 기술원은 원자력 발전소 배수구에서 잡힌 숭어에서만 세슘이 많이 검출된 것은 '우

■ 세슘에는 여러 종류(동위 원소)가 있습니다. 그중 세슘-137은 원자력 발전소 사고나 핵무기 실험에서 생기는 대표적인 방사능 오염 물질입니다.

연히 일어난 일'이고, 별다른 의미를 부여할 수 없다고 밝혔지요.

숭어가 아닌, 일반적인 식재료는 어떻게 관리되고 있을까요? 2011년 후쿠시마 원전 사태 이후, 일본산 식재료에 대한 우려가 특히 커지고 있습니다. 현재 한국과 일본의 식품 내 세슘 방사능 검출 기준은 1킬로그램당 100베크렐■입니다. 국내에서는 1킬로그램당 100베크렐보다 작은 방사능 수치가 나왔다면 식품으로 판매가 가능하다는 뜻이죠. 만일 방사능 수치가 99.9베크렐로 나타나 검사를 통과한 고등어가 판매된다고 가정할 때, 어떤 성인이 이 고등어를 매일 1킬로그램씩 먹어도 그로 인한 연간 피폭량은 0.474밀리시버트에 불과합니다. 즉, 세슘-137에 대한 인공 방사선 피폭량은 연간 허용치인 1밀리시버트의 47.4퍼센트, 약 절반 정도를 차지하게 됩니다. 단순히 계산하면 이 사람은 엑스선 촬영을 5번 더 해도 된다는 계산이 나오지요.

하지만 2019년 7월 국내 시민 방사능 감시 센터와 환경 운동 연합이 일본 후생 노동성 자료를 분석한 결과, 일본산 멧돼지에서는 기준치의 52배인 1킬로그램당 5,200베크렐의 세슘이 검출됐고, 두릅에서는 1킬로그램당 780베크렐, 고사리와 죽순류에서는 1킬로그램당 430베크렐의 세슘이 검출됐다고 합니다. 사실 이것들은 규

■ 참고로 식품 1킬로그램당 세슘 검출 기준을 미국은 1,200베크렐, 유럽은 500베크렐로 정하고 있습니다.

정상 우리나라와 일본에서는 식재료로 유통이 불가능하죠. 물론 식품 1킬로그램당 세슘 검출 기준을 1,200베크렐로 잡고 있는 미국에서는 멧돼지를 제외한 두릅과 고사리, 죽순류의 유통은 원칙상 가능할 것입니다.

더 안전한 삶을 위해

과학자들이 말하는 연간 허용 피폭량 3.4밀리시버트, 의학적인 연간 최대 허용 피폭량 100밀리시버트, 정부가 규제하는 킬로그램당 식품 안전 기준 100베크렐(약 0.0013밀리시버트)을 기준으로 보면 우리의 일상생활은 방사성 물질로부터 비교적 안전하다고 할 수 있습니다.

그런데 후쿠시마 원전 사고의 뒷수습이 아직도 진행 중인 일본은 지난 2018년 일반인의 연간 인공 방사선 허용치를 1밀리시버트에서 20밀리시버트로 무려 20배나 높였습니다. 이에 2017년 노벨 평화상 수상 단체인 핵무기 폐기 국제 캠페인의 창립자 틸만 러프 교수는 '도쿄 올림픽과 방사능 위험' 토론회에서 "어린이와 임신부를 포함한 인구 전체의 연간 최대 피폭 허용 방사선량을 20밀리시버트로 정한 국가는 일본밖에 없다."라고 말했습니다. 그리고 이 조치에 대해 유엔 인권 위원회조차 우려를 표했지요.

심지어 2019년 일본산 농수축산물 방사능 오염 실태 분석 보고서에 따르면, 일본산 농수축산물 외에도 가공식품에서까지 세슘이 검출되어 새로운 문제가 되고 있습니다. 즉석 밥, 과자, 카레 등에서 킬로그램당 10베크렐 이내, 떡류는 130베크렐까지도 세슘이 검출되었기 때문입니다. 가공식품은 원산지를 알기 어려우므로 문제가 더욱 심각합니다. '먹어서 응원하자'와 같은 일본 정부의 방사능 오염 식품 유통 정책이 바뀌지 않는 한 일본산 식품에서의 방사성 물질 검출은 더욱 늘어날 것으로 우려■됩니다.

그뿐만이 아닙니다. 후쿠시마 원전 사고처럼 원자력 발전소의 위험도 여전하지요. 물론 여기에는 과학 기술 수준보다는 인간의 실수가 주된 원인으로 작용하기도 합니다. 후쿠시마 원전 사고도 지상에 있던 비상 발전기를 지하로 이동시키면서 방수 처리를 제대로 하지 않아 자연재해로 발전소가 침수되면서 핵연료가 녹고 수소 폭발로 이어지게 되었죠.

방사성 물질은 우리 생활을 윤택하게 하는 유용한 물질입니다. 병원에서 암을 진단하고 치료할 때를 비롯해 의료용품 멸균, 제품의 밀도나 두께 등 품질이 일정한지 측정하는 비파괴 검사, 식물의

■ 2020년 현재, 우리나라는 일본산 식품에서 세슘이 킬로그램당 1베크렐이라도 검출되면 일본으로 반송 조치하고 있습니다.

품종 개량, 암석과 유물의 연대 측정, DNA 추적을 통한 생물학 연구 등 다양한 분야에서 광범위하게 활용되고 있기 때문입니다. 하지만 위험한 것도 분명한 사실입니다. 방사성 물질에 대해 정확히 이해하고, 우리의 일상생활에 어떠한 영향을 미치는지 관심을 가질 필요가 있겠습니다.

사이코패스는
본성일까,
만들어지는
것일까?

04

VOL. III. No.4 **바이오NEWS**

미국판 '살인의 추억',
최소 50건 사실로 밝혀져

2019년 10월, 미국 텍사스의 교도소에 복역 중인 70대 남성이 여성 93명을 살해했다고 자백해 온 미국이 공포에 휩싸였다. 미국 연방 수사국은 1970년에서 2005년 사이 그가 저질렀다고 자백한 살인 사건 93건 중 최소 50건은 사실로 확인됐다고 밝혔다. 이 남성은 미국 최악의 연쇄 살인범으로 기록될 것으로 보인다.

전문가에 따르면, 자신이 살해한 피해자의 키와 몸무게, 인상착의를 모두 기억해 내며 범행 과정을 담담하게 진술하는 그의 모습은 전형적인 사이코패스였다고 한다.

사이코패스, 그는 누구인가?

　'사이코패스', 말만 들어도 등골이 오싹해지는 단어입니다. 우리나라에서도 사이코패스에 의한 범죄가 간혹 저질러지고 있고, 다른 건으로 교도소에 복역 중이다 DNA 분석을 통해 뒤늦게 '화성 연쇄 살인 사건'의 범인으로 밝혀진 이춘재도 사이코패스 성향이 뚜렷한 것으로 나타났죠.

　사이코패스라는 개념은 1920년대 독일의 정신병리학자인 쿠르트 슈나이더가 처음 소개한 것으로, 일반적으로 반사회적 성격 장애를 가진 사람을 가리킵니다. 이들은 겉으로 볼 때는 정상인과 차이가 없고 지능도 보통 수준 이상이지만, 극단적으로 자기중심적이어서 무책임하고 쉽게 거짓말을 한다고 합니다. 또한 자신의 목적을 달성하기 위해서 다른 사람을 도구로 이용하는 것에 죄책감을 느끼지 않는다고 합니다. 그렇기 때문에 연쇄 범죄를 저지를 가능성도 일반 범죄자들보다 높지요. 이들은 사소한 일에도 충동적이고 즉흥적인 성향을 드러내며, 자신의 욕구를 충족하기 위해서는 무엇이든 하기 때문에 행동을 통제하지 못하는 경우가 많습니다. 하지만 이들의 정신병적인 기질은 평소에는 내부에 잠재되어 있다가 범행을 통해서만 밖으로 드러나기 때문에 그전까지는 주변 사람들이 알아차리기 어렵지요.

이런 사이코패스는 어떻게 만들어지는 것일까요? 선천적으로 타고나는 것일까요, 환경에 의해 만들어지기는 것일까요? 최근까지도 의사, 심리학자, 뇌 과학자 들은 이를 놓고 치열한 논쟁을 벌이고 있습니다.

사이코패스는 유전자 때문이다?

2009년 테드(TED) 공개 강연에서 저명한 뇌 과학자인 제임스 팰런은 충격적인 고백을 합니다. 바로 자신이 사이코패스라고 말한 것이죠.

팰런은 사이코패스의 뇌 사진과 동일하게 보이는 정상인의 뇌 사진 하나를 우연히 발견했습니다. 놀랍게도 그 사진은 팰런 자신의 것이었습니다. 알츠하이머 연구에 쓰려고 준비한 자신의 뇌 사진이 사이코패스의 뇌 사진과 비슷했습니다. 사이코패스의 뇌는 자제력과 공감을 담당하는 전두엽과 측두엽의 기능이 떨어지고, 인지 기능을 담당하는 회백질의 구조에 이상이 있다고 알려져 있었는데 팰런의 뇌 사진이 바로 그랬습니다. 그는 혹시나 하는 마음으로 조상들을 추적했습니다. 1892년 자신의 친부와 계모를 도끼로 살해한 리지 보든을 비롯해 1843년 아내를 살해한 앨빈 코넬,

1673년 73세 노모를 살해한 토머스 코넬, 과거 영국 군주 중 가장 잔인한 사기꾼이었다는 존 래클랜드 등 그의 조상 중에는 살인자가 무려 7명이나 있었습니다.

이후 팰런은 70여 명의 사이코패스 유전자를 분석했고, 그 결과 모노아민 산화 효소 A(MAO-A) 유전자로 인해 사이코패스 성향이 형성될 수 있다는 것을 밝혔습니다. 사이코패스는 정상인과 유전자부터 다르다는 것입니다.

MAO-A 유전자는 사실 모든 사람이 갖고 있습니다. MAO-A는 뇌에서 세로토닌이나 도파민 같은 신경 전달 물질을 분해하는 역할을 합니다. 이들 물질이 과다하면 감정의 폭발이나 정신 이상, 행동 장애 등을 유발할 수 있기 때문에, 신호 전달이 끝나면 남아 있는 신경 전달 물질을 MAO-A가 제거하여 평상심을 되찾게 합니다. 그러나 간혹 MAO-A 유전자에 이상이 생겨 제 역할을 하지 못하는 경우 정신 이상이나 행동 장애가 나타나기 때문에 '폭력 유전자'라는 별명을 갖게 되었지요. 영국에서 이 유전자의 활성이 낮은 아이들이 성장하여 문제를 더 많이 일으킨다고 발표가 나온 이후, MAO-A는 사이코패스의 주된 원인으로 꼽혀 왔습니다.

MAO-A 유전자 외에도 우리의 성격에 영향을 미치는 유전자는 더 있습니다. 이들 유전자 또한 세로토닌과 도파민의 분비와 관련되어 있습니다. 뇌와 신경계에서 신호를 전달하는 물질인 세로토닌과 도파민은 쾌락이나 행복감과도 관련이 있어 부족할 경우

무력감과 우울증이 유발되기도 하고, 반대로 과다할 경우 감정의 폭발이나 정신 이상, 행동 장애 등이 나타나기도 하지요.

1996년 독일 뷔르츠부르크대학의 클라우스 페터 레슈 교수 팀은 세로토닌을 운반하는 5-HTT 유전자의 발현 정도에 따라 근심과 걱정이 많은 성격이 될 수 있다고 밝혔습니다. 즉, 몸속에서 5-HTT가 적게 만들어지면 모임에서 잘 어울리지 못하고, 나아가 우울증이나 자살을 시도할 확률이 높다고 합니다.

비슷한 예는 또 있습니다. 도파민의 생성과 관련된 D4DR 유전자가 보통 형태보다 더 긴 사람은 모험과 긴장감을 추구하고, 바람을 잘 피우며, 주의력 결핍을 보이는 것으로 알려져 있습니다. 그래서 D4DR 유전자는 '모험 유전자' 또는 '롤러코스터 유전자'라는 별명을 갖고 있지요. 실제로 1996년에 미국과 이스라엘 연구 팀이 모험 추구형 성격의 사람들을 연구한 결과 D4DR 유전자의 길이가 성격에 영향을 미친다는 점을 확인했습니다.

유전자가 우리의 성격에까지 영향을 미치다니 놀랍지 않나요? 이미 미국에서는 유전자에 따른 성격 유형을 분석하여 적성이나 진로 상담에 활용하고 있습니다. 앞으로는 유전자가 개인의 특성에 따라 진로를 결정하고 나아가 자신과 잘 맞는 배우자를 정하는 데 활용될지도 모를 일입니다.

하지만 이러한 연구 결과들을 근거로 사이코패스가 타고난다거나, 성격은 유전적으로 결정된다고 말하기는 어렵습니다. 유전자는 잠재적 소질일 뿐이기 때문입니다. 유전자가 전등이라면 환경은 이 전등을 켜는 스위치죠.

캐나다의 범죄 심리학자 로버트 헤어 박사에 따르면 부적절한 양육이나 어린 시절의 나쁜 기억이 사이코패스의 근본 원인은 아니지만, 본성에 존재하는 사이코패스 성향을 깨우는 데 중요한 역할을 한다고 합니다. 팰런 역시 활성이 낮은 MAO-A 유전자를 보유한 사람이 어릴 때 부모로부터 학대나 방치를 당한 경우, 혹은 유년 시절 폭행 장면을 자주 경험하거나 목격하는 경우, 잠재된 공격 성향이 극대화되어 나중에 법을 어길 가능성이 크다고 설명했습니다. 반면 해당 유전자를 지녔어도 15세 이전의 시기를 잘 보낸다면 MAO-A 유전자가 발현하지 않는다는 것입니다. 사이코패스와 같은 뇌 구조를 가졌음에도 살인자가 아닌 의과대학 교수로 정상적으로 살고 있는 팰런 본인이 강력한 증거이자 증인이 될 수 있겠지요.

환경은 분명 성격에 결정적인 영향을 미칩니다. 태어나자마자 어미와 헤어져 홀로 자란 생쥐는 신경이 예민하고 자신이 새끼를 낳아도 제대로 돌보지 않는다고 하지요. 또한 금화조 알을 다른 금화조 부부가 품고 양육하게 한 연구에서는 부화한 새가 친부모보다 양부모의 성격에 훨씬 영향을 받는 것으로 나타나기도 했습니다. 즉, 경험하는 환경에 따라 후천적으로 성격이 결정된 것이지요.

정신 분석의 창시자인 지그문트 프로이트 역시 개인의 성격 특성은 부모가 아이를 어떻게 대하느냐에 따라 달라진다고 설명한 바 있습니다. 이뿐만이 아닙니다. 2016년에 개봉한 다큐멘터리 영화 「트윈스터즈」 역시 환경이 성격에 미치는 영향을 여실히 보여 주고 있습니다. 태어난 후 한 명은 미국, 다른 한 명은 프랑스에 입양됐던 한국 출신 쌍둥이 자매는 서로의 존재를 모른 채 25년을 살다 우연히 소셜 네트워크 서비스를 통해 자신과 쏙 빼닮은 서로를 찾게 되지요. 일란성 쌍둥이인 자매는 알고 보니 외모뿐만 아니라 식성과 패션 등 비슷한 점이 많았습니다. 하지만 성격만은 달랐지요. 영화는 같은 유전자를 갖고 태어났지만, 서로 다른 환경에서 다른 경험을 하며 자란 일란성 쌍둥이 자매의 모습을 통해 인간 성격에 미치는 환경의 영향이 적지 않음을 잘 보여 줍니다.

지금까지 살펴본 바에 따르면, 사이코패스 같은 반사회성 인격 장애가 발생하려면 유전자라는 선천적인 요인과 불우한 환경이라는 후천적인 요인이 상호 작용해야 합니다. 그런데 안타깝게도 유전자는 타고나는 것이기 때문에 우리가 마음먹은 대로 바꿀 수 없습니다. 그러나 환경은 충분히 바꿀 수 있지요. 그러므로 사이코패스 범죄를 단호하게 처벌하는 것도 필요하지만, 복지 제도 등을 통해 어린이와 청소년이 안전하고 건강하게 자랄 수 있는 환경을 만들어 주는 것이 더 중요합니다.

유전자 가위,
어디까지
써도 될까?

05

VOL. III, No.5

바이오NEWS

유전자 편집 아기가
태어나다

2018년 11월 중국 난팡과학기술대 허젠쿠이 교수는 에이즈 바이러스 감염 방지를 위해 특정 유전자를 제거한 쌍둥이 루루와 나나가 태어났다고 밝혀 전 세계를 놀라게 했다. 그는 크리스퍼 유전자 가위를 사용해서 에이즈, 천연두 등의 감염과 관련이 있는 CCR5 유전자를 배아 단계에서 제거해 쌍둥이의 면역력을 높였다고 주장했다. 태어난 쌍둥이는 CCR5 유전자를 제외한 다른 유전자에는 이상이 없었으며 건강한 상태인 것으로 알려졌다.

바야흐로 우리는 SF 영화에서나 보던 세상을 눈앞에 두고 있습니다. 기사를 보면 마치 1997년 영화 「가타카」의 내용이 현실이 된 듯합니다. 이 영화는 유전자 조작을 통해 맞춤형 아이만 출산하도록 통제하는 미래 사회를 배경으로 합니다. 이곳에서 주인공은 자연 임신으로 태어났다는 이유로 부적격자로 낙인찍히지요. 그런데 이제 '유전자 조작' 아기는 비단 소설이나 영화에서만의 이야기가 아닙니다.

유전자도 편집하는 시대

한 생물체에서 다른 생물체로 DNA 조각을 잘라 내어 옮기는 것을 '유전자 조작'이라고 합니다. 최초의 유전자 조작 기술은 1973년 미국 캘리포니아대학 연구원인 허버트 보이어와 스탠퍼드대학의 스탠리 코헨이 개발했습니다. 두 사람은 한 종의 박테리아에서 다른 종으로 DNA 한 조각을 옮김으로써 유전자가 조작된 박테리아가 항생제에 내성을 갖도록 만들었습니다. 1982년에는 인간 인슐린이 대장균에서 대량 합성되었고 미국 식품의약국은 이를 최초의 유전 공학적 인간 약물로 승인하기에 이르렀습니다. 이전까지 소나 돼지의 이자에서 소량만 얻을 수 있었던 인슐린을 대량 생산하게 된 것이지요.

현재 유전자 조작은 광범위하게 이루어지고 있습니다. 과학자들은 유전자 조작을 통해 해충에 잘 견디고 생산량이 높은 작물을 만들고, 잘 무르지 않는 토마토도 만들어 냈지요. 유전자 조작을 통해 질병에 대한 저항성을 높여 멸종할 뻔한 파파야를 부활시켰습니다. 이뿐만이 아닙니다. 오메가-3 영양 성분이 풍부한 돼지고기는 물론, 인간의 모유와 같은 성분의 우유가 나오는 젖소도 만들었고, 반짝반짝 빛나는 열대어인 글로 피시(Glo fish)도 만들어 냈습니다.

이후 인간은 '유전자 편집' 기술도 연구하기 시작했습니다. 유전자 조작이 특정 생명체가 갖고 있지 않은 외부 DNA를 해당 생명체의 DNA에 잘라 붙이는 작업이라면, 유전자 편집은 원래 가지고 있는 DNA를 유전자 가위로 제거하거나 변형시키는 작업을 말합니다. 기사에서 유전자 가위로 특정 유전자만을 잘라 제거한 것처럼 말이죠. 유전자 편집도 엄밀하게 이야기하자면 유전자 조작에 포함되나, 새롭게 주목받는 기술인만큼 기존의 '유전자 조작'과 구분하여 최근에는 '유전자 편집'이라는 용어를 따로 사용하고 있습니다.

유전자 가위를 발명한 이유는 수십억 개의 염기 서열로 구성되어 있는 고등 생물의 DNA 중 원하는 단 한 곳만을 자르고 싶었기 때문입니다. 앞서 유전 공학 실험에 이용되던 '제한 효소'는 그렇

형광 단백질 유전자를 이용해 빛이 나도록 한 글로 피시. 애초에는 하천 오염을 감시할 목적으로 만들었으나, 현재는 관상용으로만 판매된다.

게 단 한 군데만 자를 수 없다는 한계가 있었지요.

과학자들은 수많은 연구를 거쳐 DNA를 원하는 위치에서 딱 한 번만 자를 수 있는 기술을 개발해 냈습니다. 바로 '크리스퍼-카스9(CRISPR/Cas9)'이라는 이름의 유전자 가위지요. 크리스퍼-카스9은 가위 역할을 하는 '카스9' 단백질에, 카스9이 DNA의 어디를 자를지 안내해 주는 '가이드 RNA'를 붙인 것입니다. 이 유전자 가위는 지구상에 존재하는 모든 생물의 DNA를 원하는 대로 뜯어고칠 수 있는 막강한 기술입니다. 심지어 초기 유전자 편집 실험에 약 5,000달러가 필요했던 것과 달리 크리스퍼-카스9은 약 30달러면 가능하고, 쥐에서 특정 유전자를 제거하는 데 걸리는 시간도 1년 이상에서 한두 달로 대폭 단축할 수 있습니다. 게다가 약간의 교육만 받으면 비전문가도 사용할 수 있을 정도로 간편하다고 합니다. 이런 장점 덕분에 유전자 가위는 무한한 가능성을 가진 기술로 평가받고 있으며, 세계 시장 규모도 2018년 7,600억 원에서 2022년 2조 6,700억 원으로 크게 증가할 전망입니다.

만능 도구
유전자 가위

이러한 유전자 가위 기술을 사람에게 적용한 것이 바로 기사의 유전자 편집 아기입니다. 에이즈는 인체 면역 결핍 바이러스(HIV)가 면역 세포를 파괴해서 생기는 질병입니다. 이때 HIV는 면역 세포 표면의 통로를 통해 세포 내부로 침입하지요. 허젠쿠이는 유전자 가위로 면역 세포에서 HIV가 드나드는 통로를 만드는 CCR5 유전자를 잘라 낸 것입니다. CCR5 유전자가 사라진 면역 세포는 HIV가 침입할 통로를 만들 수 없기 때문에 아기는 앞으로 평생 HIV에 감염되지 않습니다. 그렇게 허젠쿠이는 인간을 대상으로 한 최초의 유전자 편집 결과를 기습적으로 발표하여 전 세계를 놀라게 했습니다. 그러면서 "유전자 편집의 목표는 질병의 예방이다. 지능이 높거나 원하는 눈 색깔을 지닌 이른바 '맞춤형 아기'를 만드는 게 목적이 아니다."라며, "나의 연구가 필요한 가족들이 있다고 믿고, 그들을 위해 논란이나 비판도 감내하겠다."라고 덧붙였습니다.

유전자 가위는 맞춤형 아기뿐만 아니라 성인의 암 치료에도 적용될 수 있습니다. 세포 성장 신호를 정상적으로 받아들이는 단백질을 가진 대장 세포는 보통 2~3일에 한 번씩 증식합니다. 하지만 이 단백질 유전자에 돌연변이가 생기면 성장 신호를 과도하게 감지하여 세포가 너무 빠르게 증식하고 결국 대장암이 되지요. 기존 항암제는 초기 효과가 좋지만, 60퍼센트 정도의 환자에게 내성이 생겼습니다. 국내 연구진은 항암제에 내성을 보이는 대장암 세포에서 유전자 가위로 내성을 일으키는 유전자를 제거하면 항암제의 효과를 높일 수 있다고 보고 치료제를 개발 중입니다. 대장암뿐만 아니라 췌장암과 폐암 등에도 그 적용 가능성을 넓히고 있지요.

유전자 편집의 대상은 인간뿐만이 아닙니다. 영국의 한 연구 팀은 말라리아를 퍼뜨리는 정상 암컷 모기 300마리와 정상 수컷 모기 150마리, 그리고 크리스퍼 유전자 가위로 불임 처리한 암컷 모기 150마리를 폐쇄된 실험 공간에 넣고 관찰한 결과, 7~11세대가 지나면 '모기 가계'가 모두 불임이 되면서 결국 멸종한다는 사실을 확인했습니다. 실제 자연에서도 말라리아모기를 모두 박멸할 수 있을지는 미지수이지만, 유전자 가위의 적용 범위는 그야말로 무한하다고 할 수 있지요.

허젠쿠이는
왜 범죄자가 되었나?

그렇다면 에이즈 바이러스에 감염되는 것을 막아 낸 허젠쿠이는 어떻게 되었을까요? 그는 대학에서 해고되었습니다. 또 중국 법원은 불법 의료 행위죄로 징역 3년과 벌금 300만 위안(약 5억 원)을 선고했지요. 현재 중국을 비롯해 많은 나라에서 배아 연구까지는 허가하지만,[*] 실험한 배아를 출산하는 행위는 모든 나라에서 금지하고 있습니다.

게다가 그는 아기의 부모에게 에이즈를 예방할 다른 방법이 있다는 것을 알려 주지 않았습니다. 에이즈는 약물로 충분히 치료할 수 있고, 다음 세대로 유전되는 질병도 아닙니다.

또한 허젠쿠이는 잘라낸 CCR5 유전자가 HIV의 통로 외에 또 어떤 용도로 쓰이는지 확인되지 않은 상황에서 독단적으로 실험

■ 과학자들은 인간의 존엄성을 지키기 위해 크리스퍼 유전자 가위를 인간 배아에 적용하기 전 미리 공개하고 각 연구 기관의 윤리위원회로부터 심사와 허가를 받기로 약속했습니다.

해 아이를 출생시켰지요. 이렇게 출생한 아기가 에이즈에는 걸리지 않겠지만, 다른 부작용이 없을지는 의문입니다. 유전자 편집 아기의 인지 능력이 향상될 것이라는 긍정적 예측도 있지만, 뇌염이나 바이러스 감염으로 인한 합병증에 노출될 확률이 높다는 추정도 있기 때문입니다. 심지어 CCR5 유전자 돌연변이를 가진 사람은 그렇지 않은 사람에 비해 사망률이 약 21퍼센트 높다는 연구 결과도 있습니다.

그렇다면 허젠쿠이는 왜 연약한 아기를 대상으로 이런 실험을 했을까요? 인간의 체내 모든 세포는 동일한 유전 정보를 갖고 있습니다. 만약 유전 정보 자체에 결함이 있다면 이를 완벽히 수정하기 위해서는 난자와 정자가 수정되어 아직 단 하나의 세포인 수정란 상태일 때 교정해야 합니다. 그래야만 나중에 수십조 개의 세포로 증식하여 성인이 되어도 잘못된 유전자가 없기 때문입니다. 그러나 윤리 전문가인 영국 옥스퍼드대학 줄리언 사불레스쿠 교수는 학술지 『생명윤리학회지』에서 "그의 실험은 괴물과 같다. 실험에 사용된 배아들은 질병도 없고 건강했다."라고 말했습니다. 또 "유전자 편집 실험으로 멀쩡한 아이들이 괜한 위험에 노출됐다. 아이들 입장에선 실질적인 혜택이 있는 작업도 아니다."라고 비판했습니다.

넘지 말아야 할
선의 기준

유전자 편집 아기의 탄생은 시간문제였을 뿐 이미 예견된 사건입니다. 배아의 유전자를 편집하여 출생시키는 것은 기술적으로는 이미 오래전부터 가능했지만, 실제로 실행하는 사람은 없었습니다. 배아 유전자를 편집했을 때 그로부터 태어나는 생명체에 어떤 부작용이 있을지 알려지지 않아서 세계 각국에서 유전자 편집 아기의 출생을 엄격히 금지하고 있기 때문입니다. 다만 허젠쿠이만이 그것을 실행에 옮긴 것입니다.

그런데 2019년 6월 러시아의 과학자 데니스 레브리코프는, 이번에는 어머니가 HIV 감염자인 조건에서 허젠쿠이와 마찬가지로 CCR5 유전자가 제거된 배아를 만들겠다고 발표했습니다. 아버지가 HIV 감염자였던 허젠쿠이의 실험 조건과는 반대인 것이죠. 그동안 학계에서는 HIV가 어머니의 자궁에서 감염될 확률이 높아 허젠쿠이의 방법에 효과가 없다고 지적해 왔습니다. 그러나 CCR5 유전자 편집으로 인해 발생할 위험을 모르는 상태에서 레브리코프의 실험이 더 안전할지는 의문입니다.

여러분은 유전자 편집을 어디까지 허용해야 한다고 생각하나요? 천식이나 빈혈을 치료하기 위한 유전자 편집 정도는 괜찮을까요? 만약 배 속의 내 아이가 어떤 장애를 유발할 수 있는 유전자를 가지고 있다면요? 가족력이 있는 암을 예방하기 위한 유전자 편집은 어떨까요? 노화를 늦추기 위한 유전자 편집은 그나마 나을까요?

인간의 호기심과 이익을 위해 탄생한 기술을 어떻게 사용하는 것이 가치 있고 올바른지에 대한 전 지구적인 합의가 중요한 시점입니다. 미래 세대의 삶과 생존에 영향을 주는 기술이니까요.

VOL. III, No.6   **바이오NEWS**

여왕개미와 일개미의 신분을 가르는 유전자

2018년 7월, 미국 록펠러대학 연구 팀은 여왕개미와 일개미의 차이를 만드는 유전자가 밝혀졌다고 공개했다. 바로 인간의 인슐린과 유사한 ILP2 유전자가 여왕개미에게서 높게 발현된 것. 연구 팀이 일개미에게 인위적으로 인슐린을 주입하자, 일개미의 난소가 활성화되는 것이 관찰되었다. 이는 여왕개미처럼 체내 인슐린이 증가하면 일개미도 언제든 번식이 가능함을 의미한다. 즉, 여왕개미와 일개미는 인슐린 분비 특성이 유전적으로 다르다. 여왕개미와 일개미의 일생은 유전적으로 결정되는 셈이다.

다윈이
당황한 이유

군집 생활을 하는 개미들은 각각의 역할이 명확하게 구분되어 있습니다. 잘 알다시피 여왕개미는 알을 낳고 일개미는 새끼 양육과 온갖 뒤치다꺼리를 하지요. 일개미가 부지런히 일하더라도 개미 사회에서 신분 상승은 일어나지 않습니다. 하지만 일개미들은 수명을 다할 때까지 주어진 역할을 묵묵히 수행합니다. 도대체 일개미들은 왜 그렇게 평생 부지런히 일만 하는 것일까요?

기사의 연구 결과를 더 자세히 보면 같은 부모에게서 태어난 개미 자매라도 몸속의 호르몬 농도 차이에 따라 군락 내에서 여왕개미와 일개미로 서로 역할이 갈립니다. 개미의 인슐린 농도가 높다는 것은 영양 상태가 좋고 신진대사가 원활하여 알을 낳기에 적합한 신체 조건임을 의미하지요. 그러므로 인슐린 농도가 높으면 개미는 본능적으로 번식에만 집중하고, 낮으면 유충의 존재에 민감하게 반응하여 번식보다는 양육과 노동에 집중하게 됨으로써 여왕개미와 일개미의 역할이 자연스럽게 나뉘는 것입니다. 물론 그 과정이 호르몬 하나로 전부 설명되지는 않을 것입니다. 다만 그 진화의 초기 단계가 어떻게 이루어졌는지를 짐작해 볼 수 있죠. 그렇다면 무엇이 일개미의 호르몬으로 하여금 자신의 번식을 포기하고 집단을 위해 희생하게 할까요?

모든 생명체가 '자신'의 생존과 번식을 위해 행동하도록 진화했다고 말한 찰스 다윈은 남을 돕기 위해 자신을 희생하는 이타 행동이 "극복하기 어려운 특별한 난관이며 실제로 내 이론에 치명적인 문제"라고 고백했습니다. 상상해 보세요. 모든 생명체가 자신의 생존과 번식을 위해 행동하면서(이것을 '이기적'이라고 표현해도 좋아요!) 서서히 웅장하게 진화해서 오늘날의 지구 생태계를 완성해 가는 장면을 머릿속에서 그려 가던 다윈이, 갑자기 자기를 희생하는 저 자그마한 일개미 1마리를 만나서 턱 하고 말문이 막히는 상황을요!

이기적인 유전자

자기희생과 이타 행동은 비단 개미와 같은 곤충에게서만 일어나는 일이 아닙니다. 우리 인간도 누군가 위험한 상황에 처하면 자신을 희생해서 타인을 구하기 위해 노력하죠. 흥미로운 것은 위험에 처한 상대방과 혈연관계가 가까울수록 우리 자신을 기꺼이 희생하지만, 유전적으로 관계가 먼 타인일수록 그러지 못한다는 사실입니다. 왜 그럴까요? 영국의 생물학자 윌리엄 해밀턴은 자신의 이름을 딴 '해밀턴의 법칙'을 통해 이를 논리적으로 설명했습니다.

$$rB > C$$

r=유전적으로 서로 가까운 정도[■]

B=이익(수혜자가 낳을 평균적인 자손의 수)

C=비용(사망 확률×이타주의가 낳지 못한 평균적인 자손의 수)

갑자기 수학 공식이 등장해서 머리가 지끈거리나요? 간단히 말해서 rB의 값이 C보다 클 때 사람은 자신을 희생하는 이타 행동을 한다는 뜻입니다. 이 공식을 예를 들어 쉽게 설명해 볼게요. 참고로 평균적인 자손의 수는 요즘 출생률에 따라서 1명으로 계산해 볼게요. 친형제와 사촌 형, 세 사람이 바닷가에 놀러 갔습니다. 갑자기 동생이 파도에 휩쓸려 죽을 위험에 처한 순간 친형과 사촌 형이 이를 동시에 목격했습니다. 이곳은 파도가 거세질 때 바다에 들어가면 보통 4명 중 1명은 죽는 곳이에요. 과연 누가 동생을 구하러 기꺼이 뛰어들까요?

[■] 우리는 부모님에게서 유전자를 각각 절반씩 물려받습니다. 그러므로 어머니(또는 아버지)와 자식의 유전자가 같을 확률은 정확히 50퍼센트가 됩니다. 또한 형제, 자매, 남매가 부모로부터 같은 유전자를 물려받을 확률은 최소 0퍼센트에서 최대 100퍼센트, 즉 평균 50퍼센트가 됩니다. 조부모와 손자 사이는 부모와 자식 간에 유전자를 물려받는 사건이 두 번 일어난 것이므로 이들이 같은 유전자를 가질 확률은 50퍼센트의 50퍼센트, 즉 25퍼센트가 됩니다. 또한 사촌 사이는 12.5퍼센트가 됩니다.

해밀턴의 법칙에 따르면, 친형의 rB값은 0.5×1＝0.5, C값은 1/4×1＝0.25. 즉, rB값이 C보다 크기 때문에 친형은 동생을 구하러 주저 없이 바다에 뛰어들 겁니다. 반면에 사촌 형의 rB값은 0.125×1＝0.125, C값은 1/4×1＝0.25. 즉, rB값이 C보다 작기 때문에 사촌 형은 바다에 뛰어들기를 망설일 겁니다. 즉, 해밀턴은 이타주의적 행동은 자신과 같은 유전자를 최대한 생존시키려는 이기적인 행동으로 볼 수 있다고 설명합니다.

이제 일개미들이 왜 스스로 번식을 포기하고 여왕개미에게 번식을 전담시키는지 호르몬이 아닌 유전자의 입장에서 설명해 볼 차례입니다.

그 전에 여러분은 개미의 성별이 어떻게 결정되는지 먼저 이해해야 합니다. 우리 인간은 유전자▪를 어머니에게서 한 세트, 아버지에게서 한 세트 받아서 최종적으로 유전자 두 세트를 가진 한 사람으로 태어나지요.

그런데 개미나 벌은 신기하게도 부모로부터 유전자를 한 세트씩 받아 두 세트를 갖게 되면 암컷, 어머니에게서만 유전자를 받아 한 세트만 갖게 되면 수컷이 된답니다. 암개미는 태어날 때 어머니인 여왕개미로부터 유전자의 '절반', 아버지인 수개미로부터 유전자의 '전부'를 받기 때문에 개미 자매는 평균 75퍼센트의 확률로

▪ 정확한 표현은 '염색체'지만, 이해가 쉽도록 '유전자'로 썼습니다.

같은 유전자를 공유합니다. 그러나 일개미 스스로 다른 수개미를 만나서 자식을 낳는다면 자손에게 자신의 유전자를 50퍼센트밖에 전달할 수 없겠지요.

그렇다면 자매를 늘리는 것과 새끼를 낳는 것 중 어느 것이 자신과 같은 유전자를 최대한 후대에 남길 수 있는 방법일까요? 여왕개미가 전담해서 알을 낳음으로써 자매를 늘리는 것이 일개미 자신의 유전자를 후대에 남길 확률이 더 높으므로 일개미는 스스로 번식을 포기하고 군락에 헌신하게 되는 것입니다.

우리에겐 네가 필요해, 이타주의

이렇듯 유전자 측면에서 보면 이기심과 이타심의 경계가 모호합니다. 그러나 지하철에서 선로에 떨어진 사람을 아무 혈연관계가 없는 청년이 구하는 상황은 어떻게 설명해야 할까요? 악어와 악어새가 서로 돕는 행위는요? 혈연관계가 아닌 동료에게 피를 나눠 주는 흡혈박쥐는요?

미국의 생물학자인 로버트 트리버스는 '지금 당장 서로 도움을 주고받는 것이 아니라 미래의 보답을 기대하며 남에게 도움을 주는 것'이라는 '호혜성 이타주의 이론'으로 위와 같은 현상을 설명합니다. 즉, 우리가 물에 빠진 사람을 도와줄 때 보답을 바라지 않고 돕는 것이 아니라, 다음에 내가 어려움에 부닥치면 누가 나를 도와줄 것이라는 기대감에 돕는 것이라는 뜻이죠. 물론 인간이 이런 생각을 하고 행동한다기보다는 호혜성 이타주의로 프로그램된 유전자가 무의식적으로 작동한다는 점이 조건이지요.

과학자들은 이러한 이타주의는 구석기 시대에 발달했을 것이라고 설명합니다. 매머드 같은 큰 포유동물을 사냥하기 위해서는 집단이 필요했기 때문이지요. 만일 집단 내에 아파서 죽어 가는 사람이 있다면 나중에 매머드 사냥 때 필요한 인원을 채우지 못해 사냥에 실패할 수도 있으므로 사람들은 아픈 사람을 적극적으로 간호하게 되었을 것입니다.

한편 지금까지 살펴본 유전자 외에도 호르몬의 작용으로 이타심이 생길 수 있다고 설명하는 연구도 있습니다. 2009년 6월, 미국 미시간대학의 스테퍼니 브라운 박사 팀은 감정적으로 가깝다고 느끼면 프로게스테론 수치가 증가하면서 나를 희생하더라도 상대방을 돕고 싶은 이타심이 든다는 연구 결과를 내놓았지요. 프로게스테론은 월경 주기에 따라 그 수치가 오르락내리락하는 여성 호르몬이지만 남성에게도 소량 존재합니다. 이전에도 프로게스테론 수치가 높을수록 다른 사람과 사귀려는 욕구가 강해진다고 밝혀져 있었지만, 이 연구에서는 친해지면 돕고 싶은 호르몬이 생기고, 동시에 감정적으로 스트레스가 줄고 편안하게 느껴진다는 사실을 추가로 밝혀낸 것이죠. 브라운 교수는 "이타심의 이러한 작용은 왜 사회적 친밀도가 높은 사람이 더 건강하고 오래 살며, 사회적으로 고립된 사람은 병에 잘 걸리는지를 설명해 주기도 한다."라고 말했습니다.

양보와 희생이 유전자나 호르몬의 작용 때문일 것이라는 과학자들의 설명에 반박하고 싶지는 않나요? 지금 이 순간 과연 여러분의 삶의 주체, 여러분 생명의 진정한 주인은 누구인가요? 여러분인가요, 아니면 여러분의 유전자나 호르몬인가요?

4부

생명 과학이 밝혀낸
놀라운 이야기

240만 명의 목숨을 구한 Rh⁻ A형 영웅

01

VOL. IV. No.1 　　　바이오NEWS

1,173회 헌혈한 황금 팔 사나이의 은퇴

2018년 5월 11일, 18세 이후 60년 넘게 꾸준히 헌혈하며 240만 명에 이르는 아기의 목숨을 구한 남성이 생애 1,173번째 헌혈이자 마지막 헌혈을 했다. 81세가 되면서 호주 정부의 기준에 따라 더 헌혈할 수 없게 되었기 때문이다.

1951년, 호주의 한 병원에서 14세 제임스 해리슨은 폐 하나를 제거하는 대수술을 받았다. 13리터에 달하는 대량 수혈이 필요했지만, 더 큰 문제는 그의 혈액형이 일반적이지 않은 Rh⁻ A형이라는 것이었다. 기적적으로 수혈을 받아 수술을 마친 해리슨은 자신의 피에 '신생아 용혈성 질환'이라는 희소병을 막을 수 있는 항체가 비정상적으로 많이 있음을 알게 되었다. 신생아 용혈성 질환은 산모의 혈액이 태아를 공격해 치명적인 뇌 손상을 입히거나 유산하게 만드는 질병이다.

의사들은 해리슨의 항체로 치료제를 만들었고 해리슨은 이를 위해 평생 주기적으로 헌혈을 했다. 이를 기념하고자 호주 시민들은 그에게 명예 훈장과 함께 '황금 팔을 가진 사나이'라는 칭호를 주었다. 해리슨은 2011년에 1,000번째 헌혈로 기네스북에 이름을 올렸다.

마이너스 혈액형

여러분의 혈액형은 무엇인가요? 이렇게 물으면 대체로 A형, B형, O형, AB형 중 하나로 답할 겁니다. 하지만 간혹 "내 혈액형은 A마이너스(A^-)야."라고 답을 하는 사람도 있습니다. 왜 혈액형에 마이너스를 붙여서 이야기하는 걸까요?

사람의 혈액형을 구분하는 방법에는 ABO식, MN식, Rh식, P식, I식 등 여러 가지가 있지만, 주로 혈액형을 A, B, O, AB의 네 가지로 나누는 ABO식과 Rh^+와 Rh^-의 두 가지로 나누는 Rh식이 사용됩니다. 이 두 가지가 수혈할 때 가장 중요하기 때문이지요. 자신의 혈액형이 A^-라는 것은 ABO식의 A형과 Rh식의 Rh^-를 합쳐서 말한 것입니다. 이렇게 ABO식과 Rh식을 결합하여 표기하면 A^+, B^+, O^+, AB^+ 혹은 A^-, B^-, O^-, AB^-가 되지요. Rh^- 혈액형은 우리나라에서는 인구 1,000명 중 1~3명 정도로 드물지만, 미국에서는 전체 인구의 약 20퍼센트, 호주에서는 임신부 중에서만도 약 17퍼센트가 이에 해당한다고 합니다.

태아를 공격하는
엄마의 면역 세포

　기사의 주인공 제임스 해리슨이 헌혈을 시작할 무렵, 호주는 매년 수천 건에 달하는 유산, 사산, 신생아의 뇌 결함 등으로 고통받고 있었습니다. 그 당시의 상황에 대해 호주 적십자사의 젬마 팔켄마이어는 미국 방송 CNN과의 인터뷰에서 다음과 같이 말했습니다.

　"1967년 무렵, 호주에서는 해마다 수천 명의 태아가 죽고 있었어요. 의사들은 그 원인조차 알 수 없었고요. 정말 공포 그 자체였지요. 얼마나 많은 임신부가 유산을 했는지 몰라요. 설사 죽지 않고 태어난 아이도 뇌에 상당한 손상을 입고 태어났어요."

　의사들은 많은 연구 끝에 간신히 그 원인을 알아냈습니다. 바로 오늘날 '신생아 용혈성 질환'으로 알려진 'Rh 혈액형 부적합'■ 때문이었습니다. 이는 Rh⁻인 여성이 Rh⁺ 남성과 결혼하여 Rh⁺ 아이를 갖게 될 경우, 산모와 태아의 Rh 혈액형이 일치하지 않기 때문

■　ABO식 혈액형에서도 모체가 O형, 태아가 AB형, A형, B형인 경우 역시 신생아 용혈성 질환이 발생할 수 있습니다. 하지만 Rh식 혈액형에서 나타날 때보다 증상이 훨씬 가볍습니다. 산모와 태아의 ABO식 혈액형이 일치하지 않을 경우 생성되는 항체(응집소)는 Rh 항체와 달리 크기가 커서 태반을 통과하지 못하므로 태아의 적혈구를 공격할 수 없기 때문입니다.

에 산모의 면역 세포가 아기를 침입자로 여겨 태아를 공격하는 질병입니다.

Rh 혈액형 부적합을 이해하기 위해서는 Rh 응집원과 Rh 항체에 대해서 알 필요가 있습니다. 우리 혈액에 있는 적혈구의 표면에 Rh 응집원이 있으면 Rh^+, Rh 응집원이 없으면 Rh^- 혈액형이 됩니다. 비슷한 예로 ABO식 혈액형의 응집원 A와 응집원 B를 떠올려 보면 이해가 쉬울 거예요. 이 Rh 응집원이 혈장에 있는 면역 세포인 Rh 항체와 만나면 혈액이 굳거나 파괴됩니다. 그러나 다행히도 Rh^+형과 Rh^-형 모두 혈장에 Rh 항체를 갖고 있지 않습니다.

문제는, Rh^-형은 Rh 응집원과 접촉했을 때 몸속에서 후천적으로 Rh 항체가 생성된다는 점입니다. 즉, Rh^-형이 자신의 몸에 한 번 침입한 Rh^+형의 적혈구를 인식하고 다음에 쳐들어올 Rh^+형의 적혈구를 공격하기 위한 무기를 만들어 내는 일종의 면역 반응이죠. 참고로 그렇기 때문에 Rh^+형은 Rh^-형으로부터 수혈받을 수 있지만, Rh^-형은 Rh^-형끼리 수혈하는 것이 안전합니다.

Rh^- 여성이 Rh^- 아이를 임신했을 때는 당연히 아무 일도 일어나지 않습니다. 그리고 Rh^+ 아이를 처음 임신한 경우에도 대체로는 Rh 혈액형 부적합 문제가 나타나지 않습니다. Rh^- 여성의 면역 세포가 태아의 Rh^+ 적혈구를 인식하고 Rh 항체가 충분히 만들어지기까지는 시간이 꽤 오래 걸리는데, 대체로 그 전에 출산하기 때문입니다. 그러나 결국 소량이라도 만들어진 항체는 엄마의 몸

에 남아 있다가 다음번 임신에서 Rh$^+$인 태아의 적혈구를 만나면 급격히 증가하여 태아의 적혈구를 공격합니다. 그 결과 아기는 출생 후 빈혈과 황달에 시달리고 심지어는 자궁 내 사망에 이르기도 하지요.

다행히도 의학자들은 Rh$^+$인 첫째를 출산한 Rh$^-$ 엄마의 몸에 Rh 항체를 주사하면 이후 Rh$^+$ 혈액형인 아기를 몇 번 임신하더라도 건강하게 출산할 수 있다는 사실을 알아냈습니다. 그리고 혈액 속에 Rh 항체를 가지고 있는 사람을 찾아냈고, 그가 바로 기사에 등장하는 제임스 해리슨입니다.

사람들은 그에게 최초의 기증자가 되어 달라고 부탁했고, 그렇게 오늘날 '안티-D 프로그램'이라 불리는 항체 치료제 제작 프로젝트가 탄생했습니다. 마침내 호주 적십자사는 해리슨의 혈액으로 주사제를 개발하는 데 성공했고, 해리슨은 이 프로그램을 위해 2주마다 헌혈하는 일을 60여 년 동안 계속해 왔습니다.

남은 궁금증들

그런데 여기에서 세 가지 의문점이 생깁니다. 엄마의 몸에서 만들어진 Rh 항체가 태아의 적혈구를 공격한다면서 해리슨의 혈액에서 Rh 항체를 분리하여 주사제를 만든다니요? 해리슨의 Rh 항체는 태아의 적혈구를 공격하지 않는 비결이라도 있나요? 원리는 간단합니다. Rh 응집원을 갖는 첫째 아기의 Rh^+ 적혈구가 Rh^-형 엄마의 몸속에 들어오면 엄마의 면역 세포는 이를 인식하고 Rh 항체를 생성한다고 했습니다. 그러나 그 과정에는 상당한 시간이 걸립니다. 그러므로 엄마의 면역 세포가 Rh 항체를 만들어 내기 전에 인위적으로 Rh 항체를 외부에서 주입하여 산모의 몸에 들어온 태아의 적혈구를 파괴해 버리면 모체에서는 Rh 응집원을 미처 인지하지 못하기 때문에 Rh 항체를 만들지 않는 것이지요. 그 결과 어머니의 면역 세포가 Rh 응집원을 기억하지 못하므로 다음 아이를 임신할 때도 무사할 수 있습니다. 이러한 방법이 바로 '수동 면역'입니다. 산모의 몸에 들어간 해리슨의 Rh 항체는 시일이 지나면서 자연적으로 사라집니다.

두 번째 의문점은 왜 아직까지도 인공적으로 치료 항체를 만들지 못할까 하는 점입니다. 요즘은 동물을 이용해 항체를 배양하거나 합성을 통해 백신을 제작하기도 하는데 해리슨은 왜 1,000회가 넘도록 희생적으로 헌혈을 해야만 했을까요? 해리슨의 혈액을 사용한 백신은 1967년 이후로 300만 회 이상 임신부들에게 투약되었다고 합니다. 그중에는 심지어 해리슨의 딸 트레이시도 있지요. 말했다시피 이 백신을 만들기 위해서는 꾸준히 인간의 Rh 항체가 필요했습니다. 하지만 직접 Rh 항체를 제조하는 실험은 안타깝게도 계속 실패했습니다. 다행히도 해리슨은 1,173회에 이르는 헌혈을 마다하지 않고 기꺼이 수행했습니다.

호주 적십자사의 팔켄마이어는 해리슨과 같은 헌신적인 헌혈자가 다시 나타나기는 어려울 것이라면서 학자들이 해리슨이 자연 생산하는 Rh 항체를 인공적으로 만들기 위한 프로젝트에 몰두하고 있다고 말했습니다.

세 번째 의문점은 해리슨이 헌혈을 더 이상 못 하면 당장 Rh⁻형 임신부들은 어떻게 아이를 무사히 낳을 수 있을까 하는 점입니다. 다행히도 현재 호주의 '안티-D 프로그램'은 해리슨 외에도 160명의 헌혈자가 기증한 혈장으로 지탱되고 있다고 합니다. 그러므로 해리슨의 헌혈이 멈추더라도 크게 걱정할 필요는 없지요.

다만 해리슨의 피를 이용할 때에는 신경 쓸 필요가 없던 문제가 숙제로 등장했습니다. 기증자들이 Rh 항체를 생산하도록 자극할 수 있지만, 그 과정에서 독감과 같은 반응을 일으키는 것이죠. 즉, 자연적으로 항체를 다량 만들어 내던 해리슨과는 달리, 다른 사람들은 통증을 참아 가며 Rh 항체를 만들고 혈장을 기증해야 하는 것이죠. 또한 잠재적 기증자들이 적합한 혈액형을 가졌더라도 해리슨처럼 항체를 계속해서 다량 만들어 낼 수 있는 것도 아니라고 합니다. 해리슨의 혈액이 어떻게 자연적으로 Rh 항체를 그렇게 계속 대량 생산할 수 있었는지는 아직 과학적으로 완전하게 밝혀지지 않았습니다. 어쩌면 그가 수술을 할 때 각각 다른 사람에게서 온 혈액을 복합적으로 수혈받은 점과 관련이 있을지 모른다고 추측할 뿐입니다.

한 번의 일반적인 헌혈 양으로는 세 사람 정도를 살릴 수 있다고 합니다. 또한 혈장 헌혈 1회로는 18명을 구할 수 있다고 하지요. 그런데 한 번 뽑을 때마다 이렇게 2,000명이 넘는 아기의 생명을 살리는 특별한 피도 있다니 참으로 신비롭지 않나요?

신기한 쌍둥이의 세계

02

VOL. IV. No.2

바이오NEWS

백인과 흑인으로 태어난 쌍둥이

한날한시에 태어난 쌍둥이 자매가 서로 피부색이 달라 화제가 되고 있다. 미국의 한 방송사는 2016년 4월 미국 일리노이주에서 태어난 쌍둥이 자매를 소개했다. 한 명은 푸른 눈동자에 하얀 피부를 가졌지만, 다른 한 명은 갈색 눈동자에 까무잡잡한 피부를 가진 것. 이 자매의 엄마는 백인, 아빠는 흑인이다. 이 쌍둥이의 부모는 "기적적인 일이며, 우리에게 더할 나위 없는 축복이다."라고 심경을 밝혔다.

1998년 미국에서 나온 영화로 「페어런트 트랩」이 있습니다. 이 영화의 주인공은 할리와 애니로 미국에서 온 할리는 포도 농장을 운영하는 아빠와 살고 있었고 엄마가 없었습니다. 한편 영국에서 온 애니는 웨딩드레스 디자이너인 엄마와 함께였지만 아빠에 대해서는 아는 것이 없었지요. 할리와 애니가 여름 캠프에서 마주쳤을 때, 선생님을 비롯한 주변 친구들 모두가 깜짝 놀랐습니다. 두 아이의 얼굴 생김새와 머리카락 색, 키까지 너무나 똑같았기 때문이지요. 심지어 딸기 알레르기까지 말이죠!

어떻게 된 일이었을까요? 사실 할리와 애니는 태어나자마자 헤어진 일란성 쌍둥이였습니다.

일란성과 이란성 쌍둥이의 차이

과거에는 주변에 쌍둥이가 많지 않아서 친구들 사이에서 쌍둥이들이 은근한 부러움을 사거나 신기하게 여겨지기도 했던 기억이 납니다. 반면 최근에는 인공 수정과, 흔히 '시험관' 아기 시술이라 부르는 체외 수정 및 배아 이식 시술이 늘어나 주변에서 쌍둥이를 어렵지 않게 마주치게 되었지요.

쌍둥이는 정자와 난자가 만나는 수정과, 이후의 세포 분열 과정에 따라 '일란성'과 '이란성' 등으로 나뉩니다. 흔히들 성별과 얼굴 생김새가 같으면 일란성, 다르면 이란성이라고 생각하지만, 사실 이것은 잘못된 구분입니다. 이란성 쌍둥이도 성별이 같은 경우가 많고, 극히 예외적이기는 하나 일란성 쌍둥이도 성별이 다를 수 있기 때문입니다.

일란성(一卵性)과 이란성(二卵性)이라는 명칭에서도 알 수 있듯이, 쌍둥이를 구분하는 기준은 바로 '난자'의 개수입니다. 임신에 관여한 난자가 1개면 일란성, 2개면 이란성, 3개면 삼란성… 이라고 하는데, 사실 삼란성 이상은 인간의 자연 임신에서는 가능성이 희박하지요. 그런데 1개의 난자에서 어떻게 2명의 아이가 태어날까요?

일란성 쌍둥이는 정자 1개와 난자 1개가 만나서 이루어진 1개의 수정란이 분열하며 성장하는 도중 다양한 이유로 2개로 분리된 경우입니다. 한 수정란에서 시작한 배아[■]가 쪼개져 자랐으니 일반적인 일란성 쌍둥이라면 부모에게서 받은 유전자가 똑같겠죠. 그렇기 때문에 일란성 쌍둥이는 성별도 같고 생김새도 거의 같습니다.

그러나 배아가 둘로 나뉘는 시기에 따라 쌍둥이의 운명은 달라질 수 있습니다. 수정란은 맨 바깥층에 영양 세포가 만들어짐에 따

■ 배아란 정자와 난자가 만나서 형성된 수정란이 세포 분열을 시작해서 하나의 완전한 개체가 되기 전까지의 단계를 말합니다. 이후 출생에 이르기까지의 단계를 '태아', 출생 후에는 '신생아'라고 합니다.

라 비로소 자궁 안에 자리를 잡는 '착상'이 가능해집니다. 그 후 영양 세포 안쪽에 융모막이 생기고, 융모막은 자궁의 세포와 함께 태반을 만들어 아기에게 산소와 영양분을 전달하지요. 또 융모막 안쪽에 양막이 생기면 양수가 차올라 가장 안쪽의 아기를 보호합니다.

만일 영양 세포가 형성되기 전에 배아가 둘로 쪼개지는 경우, 두 배아는 각자의 융모막과 양막을 가지며 착상도 따로 하는데, 정상적으로 출생하는 일란성 쌍둥이의 약 1/3이 여기에 해당합니다. 나머지 약 2/3는 영양 세포와 융모막은 형성되었지만 양막이 만들어지기 전에 배아가 둘로 쪼개지는 경우로, 두 배아가 각자의 양막을 갖지만 하나의 융모막을 공유하기 때문에 함께 착상하고 이 또한 대체로 정상적으로 출생합니다. 반면, 불행히도 양막이 형성된 이후 배아가 둘로 쪼개지는 경우, 두 배아가 융모막은 물론 양막도 공유하기 때문에 발달 과정에서 신체 기관을 공유할 가능성이 커집니다. 그 결과, 결합 기형 쌍생아, 즉 샴쌍둥이가 될 수 있지요.

반면 이란성 쌍둥이는 2개의 난자가 동시에 배란되어 각각 별개의 정자에 수정되어 태어나는 것으로 나이만 같을 뿐 유전학적으로는 형제, 자매, 남매나 다름이 없습니다. 따라서 일란성에 비

■ 샴쌍둥이는 1811년 태국에서 가슴과 허리 부위가 붙어서 태어난 쌍둥이 형제로부터 유래한 말입니다. 여기서 샴(Siam)은 태국의 옛 이름에서 따온 것입니다.

해 이란성 쌍둥이는 보통의 형제, 자매, 남매와 같은 정도의 외모 차이를 보이며, 성별도 얼마든지 같거나 다를 수 있지요. 기사에서 설명하는 흑백의 이란성 쌍둥이 사례도 바로 여기에 해당합니다.

한편 돼지나 개, 고양이같이 한 번에 여러 마리의 새끼를 낳는 다태 동물 역시 비슷한 시기에 배란된 여러 개의 난자가 각각 다른 정자를 만나 수정된 새끼들을 낳는 것입니다. 이란성 쌍둥이와 같은 맥락에서 이해할 수 있지요.

일란성 쌍둥이는 모두 자연 임신?

흔히 일란성 쌍둥이는 모두 자연 임신으로만 가능하다고 생각합니다. 인공 수정이나 시험관 시술로는 일란성 쌍둥이가 불가능하다고 생각하지요.

인공 수정과 시험관 시술이 무엇인지에 대해 먼저 살펴볼게요. 이들은 자연적으로 임신이 어려운 부부에게 적용되는 인공 임신 기술입니다. 먼저 인공 수정은 남성의 정액을 받아 정자를 농축한 뒤, 가느다란 관을 통해 여성의 자궁 속에 정자를 직접 주입하여 임신을 유도하는 방법입니다. 반면, 시험관 아기 시술은 정자와 난자를 인체의 바깥에서 수정시킨 후 여성의 자궁에 1~2개의 배아를 이식하여 임신을 시도하는 방법이지요.

두 가지 방법 모두 여러 개의 난자가 동시에 나오도록 과배란을 유도하는 공통점이 있습니다. 보통 난자는 한 달에 1개만 배란되지만, 성숙한 난자를 얻지 못하는 경우가 종종 있기 때문에 인공 수정과 시험관 시술을 할 때에는 인위적으로 과배란을 유도해 여러 개의 난자를 한꺼번에 얻음으로써 임신 가능성을 높이지요. 배아가 여럿 만들어져서 한 번에 2개의 배아를 이식한다면 이란성 쌍둥이를 임신할 확률도 함께 증가하겠죠?

그렇다면 일란성 쌍둥이의 가능성은 어떨까요? 시험관 시술 과정에서 이식한 수정란 중 하나가 쪼개져서 일란성 쌍둥이가 될 가능성은 높지 않습니다. 그러나 불가능한 것도 아닙니다. 실제로 2007년부터 2014년까지 일본에서 시행된 약 94만 건의 배아 이식 사례를 조사한 결과, 1개의 배아를 이식한 후 배아가 나누어져서 일란성 쌍둥이나 세쌍둥이가 된 빈도는 1.36퍼센트라고 합니다.

쌍둥이의 세계, 알면 알수록 신비하죠?

'케미'와 페로몬은 무슨 관계?

03

VOL. IV. No.3   바이오NEWS

이성을 유혹하는 페로몬 성분의 향수 출시

2018년 12월, A사에서는 페로몬 성분인 안드로스타다이에논과 에스트라테트라에놀이 각각 70피피엠씩 함유된 페로몬 향수를 판매한다고 밝혔다. 페로몬은 이성으로 하여금 무의식적으로 성적 매력을 느끼게 하는 화학 물질로 알려져 있는데, 그동안 페로몬 성분이 들어갔다고 홍보된 향수 제품은 젊은 남녀에게 꾸준한 사랑을 받아 왔다. A사의 이번 신제품은 이런 페로몬 성분이 기존 제품들보다 다량으로 들어간 점이 차별점으로 부각되고 있다.

페로몬 향수는 맨 처음 일본에서 시작되었습니다. 1994년 일본의 가네보사(社)에서 남성용 페로몬 향수를 최초로 시장에 선보였는데 그 향수가 선풍적인 인기를 끌었지요. 그 결과 일본의 다른 화장품 회사는 물론 우리나라에서도 관련 제품을 연구하기 시작했고, 현재는 페로몬 섬유 향수, 페로몬 선크림 등으로 그 영역을 확장하고 있습니다.

호르몬, 환경 호르몬 그리고 페로몬

과연 페로몬이 무엇이기에 이렇게 사람들이 관심을 보이는 것일까요? 페로몬과 종종 혼동되는 개념인 호르몬, 환경 호르몬과 비교하며 살펴보면 페로몬을 이해하기 쉽습니다.

먼저 '호르몬'은 뇌를 비롯한 우리 몸 곳곳에서 만들어져서 혈관을 타고 신체 각 부위로 전달되는 물질입니다. 체온, 혈당량 등 인체의 내부 환경을 일정하게 유지하거나 생식과 성장을 조절하는 임무를 수행합니다. 우리가 한 번쯤 들어 본 인슐린, 글루카곤, 아드레날린, 성장 호르몬, 성호르몬 등이 모두 여기에 속하지요.

이와 유사한 이름의 '환경 호르몬'은 우리 몸에서 정상적으로 만들어지는 물질이 아니라, 산업 활동으로 생성되는 화학 물질입니다. 전선이나 페인트 성분을 태울 때 발생하는 다이옥신, 컵라면 그릇의 주성분인 스타이렌, 의약품의 일종인 합성 에스트로겐 등의 물질이 생물체 내에 흡수되면 마치 실제 호르몬처럼 작용하며 호르몬의 기능을 교란하거나 심지어 불임, 기형, 성장 장애, 암 등을 유발하기도 합니다.

반면 '페로몬'은 동물의 몸속에서 만들어져 몸 밖으로 방출되는 화학 물질로 같은 종의 다른 개체들을 자극하여 특정 행동과 성장을 유도하거나 서로 간에 정보를 전달하는 역할을 합니다. 다른 여왕의 등장을 막는 벌의 여왕 물질, 짝짓기할 이성을 유인하는 누에나방의 성페로몬, 적의 침입이나 위험을 알리는 벌의 경보 페로몬, 목적지로 인도하는 개미의 길잡이 페로몬, 집단을 형성하고 유지하는 바퀴의 집합 페로몬 등을 예로 들 수 있지요. 이러한 페로몬은 특히 곤충을 대상으로 연구가 활발하며, 박테리아 같은 단세포 생물은 물론 척추동물까지 페로몬을 분비하는 것으로 알려져 '생명체의 가장 기본적인 의사소통 수단'으로 여겨지기도 합니다.

이 세 가지 물질의 차이점을 요약하자면, 체내에서 만들어져서 체내에 작용하면 호르몬, 체내에서 만들어져서 외부로 분비되어 작용하면 페로몬, 외부에서 만들어져서 체내에 유입되어 영향을 끼치면 환경 호르몬으로 이해할 수 있지요.

인간의 페로몬은
정말 있을까?

그렇다면 기사에 나온 것처럼 인간이 분비하는 페로몬도 과연 존재할까요? 결론부터 말하자면 인간이 분비하는 페로몬과 그 효과에 대해서는 아직 명확히 밝혀진 바가 없으며 현재에도 논쟁이 지속되고 있습니다.

하지만 인간 페로몬의 존재를 유추할 수 있는 현상들은 속속 발견되고 있습니다. 같은 기숙사에 사는 여자 대학생들이나 한 집에 사는 모녀 혹은 자매의 생리 주기가 비슷해지는 '기숙사 효과'(dormitory effect)가 대표적인 예지요.

1986년 미국의 커틀러 연구 팀은 인간의 겨드랑이 분비물이 여성의 생리 주기를 바꿀 수 있다는 내용의 연구 결과를 발표했습니다. 이들의 연구는 '인체에서 발견된 페로몬'이라는 제목의 기사를 통해 알려지며 인간 페로몬의 존재를 최초로 입증한 것으로 주목받았습니다. 실제로 인체에서 페로몬 효과를 가진 물질이 분비될 만한 부위로는 겨드랑이가 가장 유력한 후보입니다. 과거 영국 엘리자베스 여왕 시대에 여성들은 사과 껍질을 벗겨 겨드랑이에 끼워 두었다가 땀에 젖으면 애인에게 건넸다고 하지요.

실험 당시만 해도 인간의 페로몬 성분이 정확히 무엇인지 밝혀지지 않았습니다. 그런데 최근 안드로스타다이에논(androstadienone)

과 에스트라테트라에놀(estratetraenol)이 아닐까 하는 의견이 많아졌습니다. 여성을 유혹하는 남성 페로몬 안드로스타다이에논은 남성의 겨드랑이, 정액 등에서 발견되며, 남성을 유혹하는 여성 페로몬 에스트라테트라에놀은 여성의 소변에서 발견되는 성분입니다. 그러나 이 성분들이 정말 이성을 흥분시키는 역할을 하는지는 정확히 밝혀지지 않았습니다. 커틀러 팀의 연구 결과를 보도했던 기사 역시 "인간 페로몬은 이성을 유인하는 물질이 아니며 동물의 페로몬처럼 거의 즉각적으로 작용하지도 않는다. 그 대신 인간 페로몬은 여성의 생리 주기를 바꾸기 위해 수주 또는 수개월에 걸쳐 작용한다."라고 덧붙이고 있습니다.

그런데도 인간 페로몬이 존재하며 이성을 유인하는 역할을 한다는 가설을 뒷받침하는 연구 결과는 계속 나오고 있습니다. 2009년 미국 플로리다주립대학 연구 팀은 배란기인 여성과 배란기가 아닌 여성이 입은 티셔츠들을 가져다가 남성들에게 냄새를 맡게 했습니다. 그러자 배란기 여성이 입었던 티셔츠의 냄새를 맡은 남성들이, 배란기가 아닌 여성들이 입었던 티셔츠의 냄새를 맡은 남성들보다 테스토스테론이 더 많이 분비된다는 사실을 발견했습니다. 테스토스테론은 생식기의 발달을 촉진하고 기능을 유지하는 대표적인 남성 호르몬이지요.

1995년 베른대학의 연구 결과는 더욱 흥미롭습니다. 49명의 여성에게 44명의 남성이 입었던 티셔츠의 냄새를 각각 맡게 한 결과,

자신과 'MHC 유전자'가 다른 남성일수록 그 냄새를 좋게 평가했다고 합니다. MHC(주조직 적합성 복합체)는 외부에서 침입한 적을 식별하여 우리 몸의 면역 체계에 경고를 보내는 감시자 역할을 합니다. MHC가 다양할수록 우리는 많은 적을 구분할 수 있지요. MHC 유전자의 유형이 서로 다른 상대와 짝짓기를 하면 부모보다 훨씬 질병에 강한 자손을 낳을 확률이 높으므로 우리는 본능적으로 자신과 MHC 유전자가 다른 사람에게 끌리게 됩니다. 게다가 MHC 분자의 일부분은 땀이나 침과 같은 체액에도 녹아 있어서 유전자 검사를 하지 않아도 체취로도 상대를 알아볼 수 있죠. 실험에 참여한 여성들은 호감이 가는 티셔츠는 남자 친구를 생각나게 하지만, 관심이 없는 티셔츠에서는 아버지나 남자 형제의 냄새가 난다고도 말했습니다. 즉, 서로 다른 면역 유전자가 섞일 때 유전적으로 더 강한 후손을 남길 수 있으므로, 인간은 땀을 통해 관련된 물질을 배출하고 서로 냄새를 통해 이를 본능적으로 알아낸다는 것이죠.

페로몬은 어디로 맡지?

인간에게 페로몬이 있는 것 같다고 잠정적으로 결론을 내리더라도 의문점이 하나 남습니다. 인간은 어느 기관으로 페로몬을 인식할까요? 양서류, 파충류, 대부분의 포유류는 콧속의 서골비(鋤骨鼻)라는 기관을 통해 공기 중의 페로몬을 인식합니다. 예를 들어, 뱀은 혀를 날름거려 주변의 화학 물질을 포착한 다음 서골비로 성페로몬을 인식하고, 생쥐 수컷은 수술로 서골비를 제거하면 암컷과 짝짓기에 전혀 관심을 보이지 않습니다. 하지만 인간에게는 다른 동물들처럼 페로몬을 인식하는 기관이 퇴화되었거나 존재하지 않아요.■

하지만 후각보다 시각에 주로 의존하는 인간에게도 후각 수용체 유전자가 900개에 이르고 그중에서도 400여 개가 현재 활발히 기능하는 것으로 밝혀졌습니다. 인간 전체 유전자의 2퍼센트 정도가 냄새를 맡는 일을 한다는 뜻이지요. 심지어 사람의 후각 수용체는 코뿐만 아니라 몸 전체에 분포하면서 다양한 기능을 한다는 사실이 밝혀지고 있습니다. 예를 들면, 정자에는 부르지오날(bourgeonal)이라는 은방울꽃 향기가 나는 냄새 물질을 감지하는 수용체(OR1D2)가 있는 것으로 나타났습니다. 그래서 정자가 들어 있는 용액에 부르지오날을 넣으면 정자의 운동이 증가합니다. 즉, 난자가 정자를 유인하는 물질 중 하나가 부르지오날이고 그것

■ 1986년 미국의 학자들이 인간의 콧구멍으로부터 약 1센티미터 뒤에서 서골비로 여겨지는 0.1밀리미터 가량의 구멍을 발견했다고 주장했기 때문에 이 역시 논란의 여지가 있습니다.

을 인식하면 정자가 열심히 헤엄쳐 갈 것으로 예측할 수 있지요. 심지어 불임 남성이 유독 부르지오날 냄새를 잘 맡지 못하는 것으로 나타나 OR1D2에 문제가 생겨 정자의 활동력이 떨어진 것이 불임의 원인일 수 있다고 한 연구 결과도 있습니다.

화학적 소통, '케미'

분명 냄새는 사람의 감정과 행동에 영향을 끼칩니다. 이성을 유혹하기 위해 성페로몬을 향수의 형태로 뿌린다는 발상은 인간의 본성을 깨우는 흥미로운 아이디어지요. 그 구체적인 효과에 대한 과학적 근거는 아직 불분명하지만요. 페로몬 향수의 가치는 오히려 주로 시각과 청각으로 소통하던 사람들이 드디어 생물의 화학적 소통 방법을 이해하기 시작했다는 것에서 찾을 수 있습니다. 요즘 이성 간의 직관적인 끌림을 표현하는 '케미'라는 신조어가 있지요. 화학이라는 뜻의 영어 단어 케미스트리(chemistry)를 줄여서 부르는 말입니다. 이 단어를 보면 화학 물질인 페로몬을 통한 의사소통을 꽤 정확하게 표현해 냈다는 생각이 듭니다. 과연 사람 간의 '케미'와, 곤충들이 반응하는 페로몬이 얼마나 유사하다고 밝혀질지 앞으로의 연구 결과가 기대됩니다.

04

식물도 서로 소통한다

VOL. IV. No.4

바이오NEWS

식물도 공격받으면 신호를 보낸다

2018년, 9월 미국 위스콘신대학의 연구 팀은 "식물도 공격을 받으면 일종의 신경 신호를 내보낸다."라고 밝혔다. 동물의 몸속에서 신호를 운반하는 것으로 알려진 칼슘 이온(Ca^{2+})이 식물에서도 동일한 역할을 함으로써 위험 신호를 다른 잎에 전달한다는 것이다.

연구 팀은 애기장대의 잎을 가위로 자르거나 애벌레가 갉아 먹게 한 후 칼슘 이온의 움직임을 측정했다. 결과는 놀라웠다. 잎이 공격받은 후 2초 만에 칼슘 이온 센서에 불이 들어오고 이내 다른 잎들로 퍼져 나간 것. 연구진에 따르면, 동물의 신경 전달 속도와 견줄 수는 없지만 그 몇 분의 일에 해당하는 초속 1밀리미터의 속도로 칼슘 이온이 비교적 짧은 시간에 먼 거리를 이동했다.

　앞서 동물들은 페로몬으로 화학적인 의사소통을 한다고 이야기했습니다. 그렇다면 한곳에 뿌리를 내리면 다른 곳으로 갈 수 없는 식물들은 어떨까요?

　식물이 동물과 마찬가지로 동료와 신호를 주고받을 수 있다는 사실은 이미 오래전에 밝혀진 바 있습니다. 1983년 미국의 다트머스대학 연구 팀은 사탕단풍나무가 공기 중에 휘발성 화학 물질을 분비함으로써 천적의 공격 같은 위험 상황을 다른 식물들에 알린다는 사실을 처음으로 밝혀냈습니다. 그 연구 결과에 따르면 곤충의 공격을 받은 나뭇잎은 방어하기 위해 유독성 페놀과 탄닌 성분을 만드는데, 공격을 받지 않은 이웃 나뭇잎에서도 같은 성분의 물질들이 증가했다고 합니다. 먼저 공격받은 식물로부터 경고를 받은 주변 식물들이 미리 방어 물질을 합성해 대응 태세를 갖춘 것이지요.

　그렇다면 식물들은 '어떻게' 신호를 주고받는 것일까? 과학자들은 그 구체적인 방법에 대해 연구하기 시작했습니다. 그리고 식물이 화학 물질이나 중력, 빛, 소리 등을 이용해 서로 소통한다는 사실을 밝혀내고 있습니다.

　기사에 나온 연구 결과도 그중 하나입니다. 외부의 위협 때문에 칼슘 이온이 이동하기 시작하면 지나가는 곳마다 전기 신호를 만들어 내면서 식물의 방어 반응을 유발합니다. 방어 반응의 대표적인 예로 방어용 스트레스 호르몬인 자스몬산(jasmonic acid)이 만들어지는 것이 있습니다. 식물에 자스몬산 경보가 발령되면 잠들어 있던 방어 시스템이 가동되고 자기방어에 필요한 식물체 유전자들이 활동을 시작합니다. 그 결과 위협받았던 식물은 물론 주변 식물들까지도 단백질 분해 효소 억제제를 분비해 곤충이 식물을 먹어도 제대로 소화하지 못하도록 방해하지요. 또한 자스몬산은 식물의 세포벽을 두껍게 만들어 곤충이 식물을 갉아 먹기 어렵게 만듭니다. 그러면 곤충은 소화도 안 되고 먹기도 어려운 식물을 떠날 수밖에 없겠지요.

3,000마리의
쿠두를 죽인 범인

식물이 만들어 내는 자기방어 물질 중 가장 대표적인 것이 탄닌입니다. '탄닌'은 꽤 익숙한 이름이죠? 덜 익은 감이나 밤의 속껍질, 녹차 등에서 맛보았던 떫은맛이 바로 탄닌에 의한 것이랍니다. 탄닌은 거의 모든 식물의 잎과 나무껍질, 가지, 뿌리, 열매 등에서 발견됩니다. 탄닌 성분은 곤충이나 초식 동물이 식물의 잎이나 덜 익은 과일을 먹으려 할 때 입맛을 떨어뜨리고 영양분의 흡수와 소화를 방해함으로써 식물 자신이나 미성숙한 과일을 보호하지요.

이 탄닌과 관련된, 식물의 무시무시한 의사소통 사례가 있습니다. 쿠두라는, 아프리카의 사바나 지대에 사는 커다란 영양이 있습니다. 1986년 남아프리카 공화국의 쿠두 목장에서 약 3,000마리에 달하는 쿠두가 원인을 알 수 없게 죽어 나갔습니다. 남아공에 있는 프레토리아대학의 반 호벤 교수는 죽은 쿠두의 위장에서 소화되지 못한 음식물을 꺼내 조사하고는 쿠두가 배고픔이나 질병으로 죽은 것은 아니라는 결론을 내렸습니다. 그렇다면 그 많은 쿠두는 왜 죽은 것일까요?

쿠두나 기린 같은 아프리카 초식 동물에게 중요한 먹이는 아카시아입니다. 그런데 야생 기린들은 한 아카시아에서 10분 이상 잎을 뜯지 않습니다. 잎을 먹다 10여 분이 지나면 바람을 거슬러 어느 정도 떨어진 곳의 아카시아로 옮겨 잎을 뜯죠. 이를 관찰한 연구 팀은 쿠두 사망의 원인이 쿠두 목장의 아카시아임을 알아냈습니다. 공격을 당한 아카시아가 자신을 방어하기 위해 잎의 탄닌 성분을 쿠두에게 치명적일 만큼 증가시키고, 동시에 달콤한 냄새가 나는 에틸렌 가스를 공기 중으로 퍼뜨려 주변 나무들에 경고를 보냈던 것이지요. 그 결과 주변의 아카시아 나무들도 탄닌을 더 많이 만들어 냈는데 목장에 갇혀 있던 쿠두들은 아카시아 맛이 변한 뒤에도 어쩔 수 없이 그 잎을 계속 먹다가 화를 당하고 말았습니다.

적의 적을
부른다

이처럼 식물은 곤충이나 초식 동물의 습격을 받으면 휘발성 화학 물질을 방출해 주위에 경보를 발령합니다. 잔디를 깎을 때 냄새가 나는 것도 그 이유지요. 그런데 식물의 소통 방식은 그보다 훨씬 더 흥미진진합니다. 앞서 말한 자스몬산은 애벌레의 천적인 기생벌을 불러 모으기도 합니다. 식물이 생존을 위해 적의 적을 부르는 것이죠.

식물이 적의 적을 부르는 사례는 종종 보고됩니다. 야생 담배의 예를 들어 볼게요. 야생 담배는 이름처럼 야생에서 자라는 담배의 원료 식물로 뿌리에서 니코틴을 합성해 잎으로 올려 보냅니다. 대부분의 생물은 니코틴을 소화하지 못하고 자칫 신경계가 마비될수 있기 때문에 니코틴은 야생 담배의 방어 물질 역할을 합니다. 하지만 담배박각시나방 애벌레는 니코틴 소화력이 탁월한 덕분에 야생 담배를 먹고 자라지요. 이 골칫거리를 해결하기 위해 야생 담배는 애벌레의 공격을 받을 때 휘발성 물질을 공중에 뿜어냅니다. 그러면 그 냄새를 맡은 노린재라는 곤충이 와서 담배박각시나방 애벌레를 잡아먹지요.

비단 곤충만이 아닙니다. 참새같이 작은 새들도 도움을 청하는 식물의 화학 신호를 알아챕니다. 새들은 보통 벌레가 잎을 갉아 먹

담배박각시나방 애벌레. 다 자라면 몸길이가 10센티미터에 이른다.

은 흔적이나 시든 잎 같은 시각적 단서를 이용해 식물에 붙어 있는 애벌레를 찾아냅니다. 그러나 시각적 단서가 완전히 차단된 상태에서도 새들은 식물을 갉아 먹는 벌레의 위치를 정확히 찾아냈다고 합니다. 식물이 공격당할 때 만들어 내는 화학 물질로 보이지 않는 곳의 벌레를 찾은 것이지요. 식물은 곤충은 물론 척추동물까지 끌어들일 수 있습니다.

어떤가요? 한 자리에 뿌리를 내리면 움직이지 못하고 주어진 조건을 묵묵하게 수용하는 줄로만 알았던 식물이 생존을 위해 끊임없이 그리고 치열하게 소통하며 싸우고 있었다는 사실이 놀랍지요?

약과 독의
아슬아슬한
경계

05

VOL. IV, No.5　　　**바이오NEWS**

치료 위해 의료용 대마 수입,
합법화해야 하나

뇌종양을 앓는 어린 아들을 치료하기 위해 2017년 해외에서 대마 오일을 구매한 여성이 마약 밀수 혐의로 검찰 조사를 받았다. 아이의 엄마인 A 씨는 "해외에서는 의료용으로 대마를 사용하는 것이 가능한데, 우리나라에서는 불법이라 답답하다. 아이를 위해 어쩔 수 없는 선택이었다."라고 심경을 밝혔다.

A 씨 외에도 뇌전증, 다발성 경화증, 파킨슨병 등을 앓는 환자와 가족들이 대마를 의료 목적으로 사용할 수 있도록 정부에 요청하고 있어, 의료용 대마 수입과 합법화를 둘러싼 논쟁이 지속될 전망이다.

혹시 사극에서 신하가 왕이 보낸 사약을 먹고 피를 토하며 쓰러지는 장면을 본 적이 있나요? 사약은 왕족이나 조정의 신하가 죄를 지었을 때 사형시키는 데에 쓰이던 탕약입니다. 그래서 사약의 한자를 죽을 사 자와 약 약 자를 쓴 '死藥'으로, 즉 먹으면 죽는 약이라는 뜻이라고 짐작하기도 하지요. 그러나 왕이 하사(下賜)한 약이라는 뜻의 '賜藥'이 올바른 한자입니다. 비록 사형에 처하기는 하나 죄인의 신체는 훼손하지 않고 보존해 주는 배려의 차원에서 내리는 임금의 특별한 벌이 바로 사약입니다.

이 사약의 주재료는 부자(附子)입니다. 부자는 투구꽃의 원뿌리 옆에 새로 나는 덩이뿌리로 맹독성 약재입니다. 그런데 사약뿐 아니라 그냥 한약재로도 많이 쓰여요. 부자는 사약의 원료로 사용될 정도로 맹독을 가지고 있지만, 다른 약물과 혼용해 잘 쓰면 신경통, 류머티즘 관절염, 중풍 등의 치료제가 되기도 합니다.

군사 전략을 다루는 병법에 적으로 적을 제압한다는 '이이제이(以夷制夷)'라는 말이 있다면, 의학에는 독으로 독을 다스린다는 '이독제독(以毒制毒)'이란 말이 있습니다. 풀어서 이해하자면, 독을 잘못 사용하면 해가 되지만, 제대로 적정량 사용하면 약이 된다는 뜻이지요. 약과 독의 경계는 꽤 아슬아슬하지요?

마약인가 치료약인가

대마는 주로 수의나 상복을 만드는 삼베를 얻기 위해 재배했던 식물입니다. 하지만 1960년대에 대마의 잎이나 꽃을 말린 대마초에 환각 효과와 중독성이 있다는 사실이 알려지면서 정부는 대마초를 마약으로 분류하고 대마의 재배와 흡연을 불법 행위로 규제하기 시작했지요.

그런데 대마도 나쁘기만 한 것은 아닙니다. 대마의 주성분은 테트라하이드로칸나비놀(THC)과 칸나비디올(CBD)입니다. 이 중 테트라하이드로칸나비놀은 환각 물질로, 체내에 조금 흡입되면 약한 흥분 효과가 나타나고 많이 흡입되면 공중에 떠 있는 것 같은 기분과 환각 현상이 나타난다고 합니다. 반면 칸나비디올은 남용이나 약물 의존 가능성이 없어서 안전하며, 치매와 암, 파킨슨 질환, 우울증 등 17개 질환 치료에 효과가 있다고 세계 보건 기구가 밝힌 바 있지요.

2018년 6월, 미국 식품의약국에서는 대마를 약으로 최초 승인했습니다. 대마 오일이 함유한 칸나비디올 성분이 발작 증세를 완화하는 데 효과를 보였기 때문이지요. 현재 미국은 50개 중 29개 주에서 의료용 대마를 허용하고, 영국 역시 소아 뇌전증 환자에게 의료용 대마 사용을 허가하고 있습니다. 단, 이 경우 대마는 1급 지정 의약품으로 마약용 대마와는 관계가 없다는 점을 분명히 했지요.

대마. 삼이라고도 한다. 껍질을 얇게 벗겨 실로 만든 후 짜서 삼베를 만든다.

우리나라에서도 2019년 3월부터 국내에 다른 치료 수단이 없는 뇌전증 등 희귀·난치 환자를 위한 대마 성분 의약품 4종의 사용을 허가했습니다. 대마가 규제된 지 48년 만의 일입니다. 이제 더 이상 기사처럼 몰래 대마 오일을 들여오지 않아도 되는 것이죠.

독약의 왕,
비소

독과 약의 경계에 놓여 있는 물질은 비단 부자나 대마만이 아닙니다. 2018년 11월, 신생아에게 접종하는 '경피용 비시지(BCG) 백신'에서 사약의 또 다른 주성분인 비소가 기준치보다 초과 검출되어 전국이 떠들썩했던 일이 있었습니다. 이 백신은 전량 회수되었지요. 비소는 '독약의 왕'이라는 별명을 갖고 있습니다. 그만큼 독성이 강하지요.

그러나 이러한 비소도 잘 쓰면 약이 된다는 사실! 그 대표적인 예로 매독 치료제 '살바르산 606'■을 들 수 있습니다. 살바르산 606의 개발 당시, 매독은 사람들을 지독히도 괴롭히던 난치병이었습니다. 매독은 매독균에 감염되어 발생하는 성병으로 주로 성관계로 전파되지만, 임신 중인 어머니에서 태아에게로 전파되어 기형을 유발하기도 합니다. 매독균은 감염되면 환자의 몸 전체 장기에 염증을 일으키고 전신 발진, 뇌와 신경계의 마비성 치매까지도 일으킬 수 있는 치명적인 균입니다. 이러한 매독을 치료하는 살바르산 606에는 바로 비소가 들어 있습니다. 적정량의 비소를 넣은 이 약의 개발 이후 불과 5년 만에 유럽에서는 매독 환자의 절반이 치료되었다고 합니다.

■ 1910년 독일의 세균학자 파울 에를리히가 개발했습니다. 그는 인체에 해를 끼치지 않고 오직 매독균만 죽이는 약을 찾기 위해 수많은 물질을 만들어 검사했지만, 605번째 화합물까지도 성과가 없었다고 합니다. 마침내 606번째 물질이 매독균을 죽였고, 그 물질로 만든 매독 치료제의 이름을, 구세주를 뜻하는 라틴어 '살바토르(Salvator)'에서 따와서 살바르산 606이라 붙였습니다.

그 외에도 비소가 들어 있는 화합물은 가축의 발병률 낮추거나 성장을 촉진하기 위한 목적으로 사료에 소량 첨가되기도 합니다. 방부제와 살충제로 쓰이는 것은 두말할 것도 없지요.

인기 많은 독, 보톡스

혹시 보툴리눔(Botulinum) 독소에 대해 들어 본 적이 있나요? 흔히 '보톡스'로 알고 있는 물질의 원래 이름이지요. 주름 제거제로 알려진 '보톡스'는 그 물질로 만든 상품의 이름입니다.

보툴리눔 독소는 식중독균인 클로스트리듐 보툴리눔이 분비하는 단백질로 신경을 마비시키는 신경 독소입니다. 지구상에서 가장 강한 독극물이라고 인정받는 물질로 100만 분의 1그램만 있어도 성인을 사망에 이르게 할 수 있다고 합니다. 보툴리눔 1킬로그램이면 10억 명이 목숨을 잃을 수 있지요.

이 가공할 만한 독극물은 18세기 초 독일에서 부패한 소시지에서 처음 발견됐습니다. 통조림 음식의 멸균 과정에 문제가 있을 때, 장까지 살아남은 식중독균은 보툴리눔 독소를 분비합니다. 분비된 보툴리눔 독소는 신경 세포와 결합해 세포 내부로 침투합니다. 신경 세포는 주변 신경 세포에 신호를 전달하기 위해 신경 전달 물질(아세틸콜린)을 분비하는데, 보툴리눔 독소는 이 분비를 차단하여 신호 전달을 막고 신경 조직을 마비시킵니다. 결국 중독된 조직은 감각이 사라지고 근육까지 마비됩니다. 만일 이 독소가 호흡 근육을 마비시키면 어떻게 될까요?

재미있는 것은 이 독소가 오늘날 전 세계에서 미용 목적으로 가장 많이 사랑받는 약물이라는 점입니다. 보툴리눔 독소를 극미량 사용하면 부분적으로 근육을 마비시킬 수 있어서 비정상적인 근육 수축이나 신경 자극이 원인인 질병을 치료하거나, 얼굴의 주름을 제거하는 데 사용됩니다. 대표적으로 A형과 B형 보툴리눔 독소는 다한증, 경련성 방광이나 두통 치료제로 사용되며, 사각 턱 시술에도 쓰이고 있지요.

16세기 스위스의 의사 파라셀수스는 "모든 약이 독이다. 용량이 문제일 뿐 독성이 없는 약물은 없다."라고 말했습니다. 약도 많이 먹으면 독이 되고 독도 적절하게 사용하면 약이 될 수 있다는 뜻이지요. 자연산 독극물에서 새로운 치료제를 찾는 '보물찾기'는 이제 시작입니다. 살무사의 독은 고혈압 치료제로, 호주 오리너구리의 독은 당뇨병 치료제로, 코브라의 독은 천식과 다발성 경화증 치료제로, 융단열말미잘의 독은 류머티즘 관절염과 마른버짐의 치료제로, 청자고둥의 독은 신경 통증 치료제로 활용하기 위한 연구들이 활발하게 진행되고 있습니다. 천연 독성 물질들이 신약 개발의 대상으로 인식됨에 따라 해당 물질을 추출하거나 합성하는 기술도 함께 발달하고 있습니다. 이독제독으로 우리의 삶이 더욱 건강하고 평안해지기를 기대합니다.

실패가 주는 뜻밖의 기쁨

06

VOL. IV. No.6

바이오NEWS

탈모에 효과 있는 고혈압 약 화제

2019년 한 온라인 카페에 작성된 탈모약 복용 후기 게시물이 탈모 환자들의 폭발적인 관심을 끌고 있다. 해당 게시물은 한 탈모 환자가 병원에서 처방받은 약의 목록과 약 복용 전후 머리 상태를 사진으로 공개한 것이다.

작성자는 자신이 복용한 미녹시딜 정을 비롯한 탈모 처방전을 공개했는데 미녹시딜 정은 대표적인 고혈압 치료제다.

하지만 이것을 소량 복용하면 혈액 순환을 원활하게 함으로써 탈모에 도움이 되는 것으로 알려졌고 탈모 치료에 정식으로 사용되기에 이른 것이다.

머리카락이 빠져 휑했던 정수리가 눈에 띌 정도로 머리숱이 많아진 결과에 일부 누리꾼은 "믿을 수 없다." "전후 사진이 바뀐 듯." 등의 반응을 보이기도 했다.

포스트잇의 시작

'세렌디피티(serendipity)'라는 말을 들어 보셨나요? 세렌디피티는 '뜻밖의 기쁨' '예기치 않게 새로운 것을 발견해 내는 능력'을 의미합니다. 과학계에서도 이 표현이 가끔 쓰입니다. 실험 중 실패한 결과로부터 중대한 발견이나 발명을 하게 될 때, '세렌디피티적인' 발견이나 발명이라고 표현하지요.

우리 생활을 편리하게 만드는 발명품 중에는 이렇게 실패에서 나온 것들이 있습니다. 가장 잘 알려진 사례가 실패한 접착제로부터 만들어 낸 발명품, 포스트잇이지요. 1970년 3M사(社)의 연구원 스펜서 실버는 강력한 접착제를 개발하던 중 실수로 약한 접착제를 만들었습니다. 접착제는 붙은 후에는 잘 떨어지지 않아야 하는데, 실버의 접착제는 잘 붙으면서도 잘 떨어졌기 때문에 실패작으로 여겨졌지요.

그러나 3M의 또 다른 직원 아서 프라이가 이 접착제에 새로이 생명을 불어넣었습니다. 교회의 성가대원으로 활동하던 프라이는 찬송가 책 속에 끼워 둔 책갈피가 자꾸 빠지는 것을 보고, 회사에서 보았던 실버의 접착제를 떠올렸습니다. 약한 접착력을 이용하면 쉽게 붙였다 뗄 수 있는 책갈피를 만들 수 있겠다는 순간의 아이디어에서 오늘날 사무실과 공부방의 필수품, 포스트잇이 탄생했죠.

고혈압 치료제의
부작용

생명 과학 분야에서도 '세렌디피티적인 발견'은 어렵지 않게 찾을 수 있습니다. 기사에 등장하는 미녹시딜이 바로 그 사례지요. 1950년대 후반 제약 회사 업존은 궤양 치료제로 미녹시딜을 개발했습니다. 하지만 동물 실험 결과, 기대했던 궤양 치료 효과가 나타나지 않았지요. 실망하던 연구자들은 때마침 이상한 현상을 목격합니다. 실험동물들의 혈관이 확장되어 혈압이 떨어진 것이었죠. 업존은 1963년 미녹시딜을 고혈압 치료제로 출시하게 됩니다.

그런데 이후 뜻밖의 부작용이 보고됩니다. 대머리였던 한 고혈압 환자가 고혈압 치료를 위해 미녹시딜을 복용했는데 머리털이 돋아난 것 아니겠어요? 이후에도 많은 환자에서 털이 많이 나는 부작용이 속출했고, 의사들은 '오프라벨'로 이 약을 처방하기 시작했습니다. 오프라벨이란 의사가 판단을 통해 약의 원래 용도가 아닌 다른 용도로 약을 처방하는 것을 말합니다.

예상치 못했던 부작용의 등장에 연구자들은 미녹시딜을 발모제로 사용할 수 있는지 본격적으로 검토하기 시작했습니다. 처음에는 먹는 약으로 테스트했지만, 일부 부작용이 보고되자 바르는 약으로 형태를 바꾸게 됩니다. 이후 실험에서 남성형 탈모 환자의

60퍼센트에서 발모 효과가 나타났고, 1988년 미국 식품의약국은 미녹시딜을 탈모 치료제로 승인하게 되지요.

현재 미녹시딜은 먹는 약은 혈압을 떨어뜨리는 혈압 강하제로, 바르는 약은 발모제로 사용됩니다. 같은 약이 형태에 따라 다른 용도로 사용되는 특이한 경우입니다.

비아그라도 비슷한 사례입니다. 비아그라는 본래 심장의 혈액 순환에 도움을 주는 혈관 확장제를 목표로 개발되었습니다. 그러나 개발 결과, 사람을 대상으로 한 임상 시험에서 불합격을 받았죠.

그런데 약의 주요 성분인 실데나필(sildenaphil)이 생각지도 않은 엉뚱한 곳에서 탁월한 약효를 발휘했습니다. 일부 시험자 중에서 발기가 되는 '부작용'이 발견된 것입니다. 이미 막대한 연구비를 투자했던 제약 회사 화이자는 '발기 부전 치료제' 개발로 방향을 전환했고, 오랜 임상 시험 기간을 거쳐 1998년 3월 마침내 '비아그라'라는 약을 내놓았습니다. 이 약은 전 세계 남성들로부터 큰 인기를 얻었지요.

비아그라는 신약 개발 과정에서 상당히 운이 좋은 사례로 꼽힙니다. 이미 협심증 치료제로서 동물 실험과 임상 첫 단계 시험을 마친 상태였기 때문에 실험 속도가 비교적 빨랐거든요. 이제 비아그라는 발기 부전은 물론 망막 질환과 고산병 치료제, 그리고 어린이의 폐 고혈압 치료제로 사용되는 등 그 효능을 넓혀 가고 있습니다.

실수로 탄생한
심장 박동기

박동이 불규칙하거나 멈춘 심장을 다시 뛰게 하는 인공 심장 박동기 역시 '세렌디피티적인' 실수 덕에 발명되었습니다. 1950년대 당시 심장외과 의사들에게는 큰 고민이 있었습니다. 심장 박동을 전달하는 신경을 잘 찾지 못해 수술 환자의 일부가 '심장 차단'으로 사망하는 것이었습니다. 심장 차단은 심장이 자신의 상태를 알리기 위해 계속해서 뇌에 신호를 올려 보내도 신경에 문제가 생겨 신호가 전달되지 않는 상태를 말합니다. 시기적절한 조치가 없으면 결국 사망에 이르지요.

1958년 4월, 미국의 엔지니어 윌슨 그레이트배치는 심장 박동을 측정하는 장치를 만들고 있었습니다. 그는 전기 저항의 크기에 따라 기계가 어떤 자극을 만드는지 확인하고자 저항의 크기를 1만 옴(Ω)으로 설정했습니다. 그런데 한 번의 긴 신호음이 날 것이라는 예상과 달리, '삐-삐-삐-삐-' 하는 짧은 신호음이 규칙적으로 반복되어 나타났습니다. 이상해서 확인해 보니, 그의 손에는 1만 옴이 아닌 100만 옴짜리 저항기가 쥐어져 있었습니다. 그 바람에 이상한 전기 신호가 만들어졌는데 그 신호가 심장 리듬과 닮았습니다. 이 사실에 집중한 그는 연구를 계속한 끝에 환자의 몸 안에

삽입하여 심장 박동을 돕는 인공 심장 박동기를 만들었습니다.

그레이트배치는 그렇게 개발한 심장 박동기를 들고 외과 의사 윌리엄 챠덱을 찾아갔습니다. 챠덱이, 심장 차단을 앓다가 막 심정 지한 개의 몸에 이 장치를 넣자 멈췄던 심장이 다시 뛰는 것이 아니겠어요? 이 성공을 발판으로 연구를 거듭한 결과, 1960년 4월 챠덱은 10명의 부정맥 환자에게 심장 박동기를 심었고, 첫 번째 환자는 18개월을, 두 번째 환자는 30년을 더 살았다고 합니다. 그레이트배치의 심장 박동기는 사람에게 이식할 수 있을 정도로 작았는데 그 전에 사용되던 외부 장치는 텔레비전만 한 크기였고 때때로 환자에게 전기 충격을 주어 화상도 입혔다고 합니다. 그레이트배치의 작은 실수가 오늘날까지 수많은 이들의 심장을 안전하게 지켜 주고 있는 셈이죠.

이 외에도 실수나 실패에서 온 발견과 발명의 사례는 얼마든지 있습니다. 내복용 살균제로 개발된 아스피린이 해열·진통제로 널리 쓰이게 된 일, 코카나무 잎을 원료로 하는 코카콜라가 원래는 두통약으로 발명되었으나 환각 약품이 문제가 된 후 코카인 성분을 빼고 우리가 즐겨 마시는 탄산음료가 된 일, 천연 치클로 고무 대체재를 만들다 실패하여 껌으로 재탄생시킨 일, 제1차 세계 대전 중 모자란 붕대를 대신하기 위해 개발된 셀루코튼을 당시 간호사들이 간이 생리대로 이용하면서 최초의 일회용 생리대가 출시되는 계기가 된 일 등은 실수와 실패가 가져온 놀라운 결과들을 잘 보여 줍니다.

지금 이 순간에도 세계 곳곳에서 과학자들은 무수한 연구와 실패, 그리고 실수와 세렌디피티적인 발명을 이어가고 있을 것입니다. 이러한 것이 바로 과학 연구의 또 다른 매력이자 묘미이지요.

단행본

최강석 『바이러스 쇼크』, 매일경제신문사 2016.

논문

박정하 외, 「온라인 게임 과몰입 환자의 공격성에 영향을 미치는 요인: 행동억제 체계와
　　공존질환」, 『신경정신의학』 52(2), 2013.

이대영 외, 「도피이론을 통한 청소년 게임 과몰입 영향모델 분석」, 『한국게임학회』
　　20(2), 2020.

이해국, 「세계보건기구(WHO)의 "게임사용장애(Gaming Disorder)"의 질병코드 부여
　　와 이에 대한 공중보건의 반응과 전망」, 『의료정책포럼』 17(4), 2020.

Brown SL et al. "Social closeness increases salivary progesterone in humans.", *Hormones
　　and Behavior* 56(5), 2009.

Daniel Schwekendiek. "Height and Weight Differences between North and South Korea",
　　Journal of Biosocial Science 41(1), 2009.

Helena Safavi-Hemami et al. "Specialized insulin is used for chemical warfare by fishhunting cone snails", *PNAS* 112(6), 2015.

Jon-Kar Zubieta et al. "Placebo Effects Mediated by Endogenous Opioid Activity on μ-Opioid Receptors", *Journal of Neuroscience* 25(34), 2005.

Julian Savulescu, Peter Singer. "An ethical pathway for gene editing", *Bioethics* 33(2), 2019.

Julie A. Schwartz et al. "FISH Labeling Reveals a Horizontally Transferred Algal (Vaucheria litorea) Nuclear Gene on a Sea Slug (Elysia chlorotica) Chromosome", *Symbiosis and Parasitology* 227(3), 2016.

Lesch KP et al. "Association of anxiety-related traits with a polymorphism in the serotonin transporter gene regulatory region", *Science* 274(5292), 1996.

Peter R. Huttenlocher. "Synaptic density in human frontal cortex – Developmental changes and effects of aging", *Brain Research* 163(2), 1979.

Richard P. Ebstein et al. "Dopamine D4 receptor (D4DR) exon III polymorphism associated with the human personality trait of Novelty Seeking", *Nature Genetics* 12, 1996.

Saul L. Miller and Jon K. Maner. "Scent of a Woman: Men's Testosterone Responses to Olfactory Ovulation Cues", *Psychological science* 21(2), 2010.

Y. Ilkemoto et al. "Prevalence and risk factors of zygotic splitting after 937,848 single embryo gransfer cycles", *Human Reproduction* 33(11), 2018.

Yong-Hwan Kim et al. "Real-Time Strategy Video Game Experience and Visual Perceptual Learning", *Journal of Neuroscience* 35(29), 2015.

Zvonimir Vrselja et al. "Restoration of brain circulation and cellular functions hours post-mortem", *Nature* 568(7752), 2019.

Winnifred B. Cutler et al. "Human axillary secretions influence women's menstrual cycles: The role of donor extract from men", *Hormones and Behavior* 20(4), 1987.

신문 및 방송 기사

「Studies Explore Love and the Sweaty T-Shirt」 *The New York Times* 1998. 6. 9.

「日, 택시기사에 '이코노미클래스 증후군' 산재 인정」 연합뉴스 2003. 8. 7.

「"새벽잠 없는 이유 있다"… 적게 자게 하는 유전자 발견」 뉴시스 2009. 8. 14.

「침 속 스트레스 수치 높으면 임신율 낮아」 국민일보 2010. 8. 13.

「美 21세 청년, 생명 유지 장치 떼기 직전 깨어나」 문화일보 2011. 12. 23.

「슈퍼박테리아, 강력 항생제에도 끄떡없어… 내성 유전자 연구가 해결 열쇠」 영남일보 2013. 8. 6.

「부산 숭어에서 나온 세슘… 후쿠시마에서 왔나?」 SBS뉴스 2013. 10. 1.

「잠은 뇌에 쌓인 노폐물을 씻는 과정」 사이언스온 2013. 10. 22.

「캄보디아판 자린고비? '쇠 물고기' 넣은 요리, 빈혈 해결」 머니투데이 2015. 5. 17.

「우리 쌍둥이 맞아요!… 서로 다른 피부색의 쌍둥이 화제」 SBS뉴스 2017. 01. 25.

「4700년 전 고대 이집트 파라오, '거인증' 앓았다」 나우뉴스 2017. 8. 8.

「영화 '유리정원'처럼 사람에게 엽록체 이식할 수 있을까」 동아사이언스 2017. 10. 27.

「시한부 아들 치료 위해 대마 샀다가… 마약밀수범 된 엄마」 한겨레 2017. 12. 25.

「청소년이 늦잠을 자더라도 깨우지 말아야 하는 이유」 동아사이언스 2018. 3. 6.

「'라돈침대 방사선 최고 9.3배 초과'… 원안위, 수거 명령」 SBS뉴스 2018. 5. 15.

「황금팔 할아버지의 '1173번째' 마지막 헌혈」 국민일보 2018. 5. 16.

「화학연, 3차원 인공나뭇잎 개발… 햇빛만으로 포름산 생산」 노컷뉴스 2018. 6. 19.

「뇌 없는 식물서 신경계 비슷한 방어 시스템 확인」 한겨레 2018. 9. 14.

「'금수저' 여왕개미 - '흙수저' 일개미, 이들의 운명이 다른 이유?」 시선뉴스 2018. 10. 29.

「소나무 '복령'서 새로운 항암물질 발견」 한겨레 2018. 11. 12.

「中 과학자 "에이즈 면역력 갖춘 세계 최초 유전자 편집 아기 탄생" 주장」 뉴스핌 2018. 11. 26.

「이성의 마음 얻는 '인싸' 되고자 한다면… "페로몬 향수-뇌로몬 향수로 매력 어필 어떠세요"」 지피코리아 2018. 11. 26.

「아이폰 앱이 밝혀낸 아내 살해 미스터리… 범행 시각도 정확」 파이낸셜뉴스 2018. 12. 5.

「신품종 감귤 50억원어치, 그대로 버릴 판이라는데…」 조선일보 2018. 12. 22.

「He donated blood every week for 60 years and saved the lives of 2.4 million babies」 CNN 2018. 12. 25.

「올 겨울 A형·B형 독감 두 번 걸릴 수 있다… 보건당국 경고」 뉴시스 2019. 1. 3.

「발굴 유해 1.3%만 신원 확인… DNA 분석 한계」 YTN 2019. 3. 18.

「가수 김장훈이 나눠주는 독도 섬기린초 받아가세요」 연합뉴스 2019. 4. 4.

「아들 감싸고 '식물인간' 된 어머니 27년 만에 깨어나」 YTN 2019. 4. 24.

「건국대 정의준 교수, 2000가지 기록으로 살펴본 게임 과몰입」게임조선 2019. 4. 25.

「러시아 과학자, 유전자 편집 아기 출산 계획 공개 논란」동아사이언스 2019. 6. 12.

「모기 불임시켜 박멸하는 '유전자 가위'… 생태계 교란 '바이오 무기' 우려도」한국경제
  2019. 6. 21.

「호랑나비, 행복감은 높이고 스트레스는 줄이고」경향신문 2019. 8. 27.

「'햄버거병'이 뭐길래… 프랑스 소년, 8년간 투병 끝 숨져」뉴스1 2019. 9. 17.

「방사능 오염 올림픽 안 돼!」프레시안 2019. 9. 25.

「'미국판 이춘재' 93건 살인 자백… FBI "50건 사실로 확인"」국민일보 2019. 10. 8.

「식량자급을 다시 생각한다」농민신문 2019. 10. 18.

「표류 인도인, 28일 만에 생환… 수건에 적신 빗물로 연명」SBS 뉴스 2019. 10. 28.

「노벨상 수상자 틸만 러프 교수 "IOC, 일본의 '후쿠시마 재난 종료' 주장 믿어선 안 돼"」
  경향신문 2019. 11. 28.

「나치의 유대인 학살과 게임 죽이기」게임동아 2020. 1. 18.

「침으로 예술작품을 닦는다고?」아시아경제 2020. 2. 4.

「일본 햄버거·카레 등 가공식품에서 방사성 세슘의 검출률 늘어」오마이뉴스 2020. 3. 11.

「극지 생물에서 슈퍼 박테리아 억제 항생제 찾아낸다」경향비즈 2020. 5. 6.

「질본 "국내 환자 20~30% 무증상 확진… 증상 직전 전염력 상당"」뉴시스 2020. 6. 3.

「'탈모 증상 심한 정수리가 이렇게 바뀌었습니다' 누리꾼들 경악시킨 전후 사진」위키트
  리 2020. 6. 10.

「코로나19 완치자 375명 혈장기부 참여 의사 "임상시험에 필요한 혈장 확보"」KBS 뉴
  스 2020. 7. 11.

이미지 출처

14면 Crulina 98(en.wikipedia.org)

17면 NIAID(www.flickr.com)

26면 Linda Kenney(commons.wikimedia.org)

34면 Gerd Altmann(www.pixabay.com)

41면 Gerd Altmann(www.pixabay.com)

81면 국립수목원(nature.go.kr)

91면 Fred W. Baker III(archive.defense.gov)

116면 Amada44(commons.wikimedia.org)

121면 (pickpik.com)

123면 Dflock(commons.wikimedia.org)

131면 Todd C. LaJeunesse(commons.wikimedia.org)

131면 Daderot(commons.wikimedia.org)

133면 Patrick Krug(www.flickr.com)

193면 Robert Kamalov(commons.wikimedia.org)

237면 KGroten(commons.wikimedia.org)

241면 rexmedlen(www.flickr.com)

창비청소년문고 37

유전자부터 게임 중독까지
생명 과학 뉴스를 말씀드립니다

초판 1쇄 발행 • 2020년 9월 11일
초판 7쇄 발행 • 2024년 4월 29일

지은이 • 이고은
펴낸이 • 염종선
책임편집 • 김보은
조판 • 신혜원
펴낸곳 • (주)창비
등록 • 1986년 8월 5일 제85호
주소 • 10881 경기도 파주시 회동길 184
전화 • 031-955-3333
팩시밀리 • 영업 031-955-3399 편집 031-955-3400
홈페이지 • www.changbi.com
전자우편 • ya@changbi.com

ⓒ 이고은 2020
ISBN 978-89-364-5933-8 43470